中央广播电视总台财经节目中心　编

中国科学技术出版社
·北　京·

图书在版编目（CIP）数据

种子种子 / 中央广播电视总台财经节目中心编．--
北京 ：中国科学技术出版社，2023.7
ISBN 978-7-5236-0100-6

Ⅰ．①种… Ⅱ．①中… Ⅲ．①种子－普及读物 Ⅳ．
① Q944.59-49

中国国家版本馆 CIP 数据核字 (2023) 第 037896 号

策划编辑	秦德继　徐世新
责任编辑	向仁军
封面设计	锋尚设计
正文排版	锋尚设计
责任校对	焦　宁
责任印制	李晓霖

出　　版	中国科学技术出版社
发　　行	中国科学技术出版社有限公司发行部
地　　址	北京市海淀区中关村南大街 16 号
邮　　编	100081
发行电话	010-62173865
传　　真	010-62173081
网　　址	http://www.cspbooks.com.cn

开　　本	787mm × 1092mm　1/16
字　　数	270 千字
印　　张	16.25
版　　次	2023 年 7 月第 1 版
印　　次	2023 年 7 月第 1 次印刷
印　　刷	北京瑞禾彩色印刷有限公司
书　　号	ISBN 978-7-5236-0100-6/Q · 241
定　　价	98.00 元

编委会

序

中国种　中国心

“21 世纪，谁来养活中国人？”20 世纪末，有美国学者发出这一惊世之问！

悠悠万事，吃饭为大。习近平总书记的话语掷地有声：“中国人的饭碗任何时候都要牢牢端在自己手上！”大地不语，但中国这片土地生长的累累硕果，正刷新着一个又一个农业的“世界奇迹”。一粒粒浓缩着代代智慧、辈辈辛劳的中国种子，让我们理直气壮地回应：中国人养活中国人！

中国粮，要靠中国种。种子是农业的“芯片”，小小种子，连着“国之大者”。习近平总书记对种业振兴念兹在兹，强调“只有攥紧中国种子，才能端稳中国饭碗”。粮安天下，种子为基。种子的故事，不仅仅是农田的故事，更是几代中国人餐桌的故事、健康的故事、民族兴盛的故事。

2022 年 2 月，中央广播电视总台制作的六集大型纪录片《种子 种子》在财经频道播出，揭秘种质资源战略高地的创新博弈，记录中国农业科技人员用智慧、汗水乃至生命谱写出中国种源安全的壮丽史诗。从“东方魔稻”打响种业翻身仗、太空种子神奇变身，到试管奶牛超越国际先进水平、白羽肉鸡打破国际垄断、猪 “芯片”突破自主，一个个关键技术的突破，背后是育种家日复一日的坚守和付出，是中国种业不惧艰难的挑战与争锋。

育种的芬芳，需要时间的积淀，创作纪录片的过程也如同种子在时间中积蓄力量，久久为功。摄制组历时 9 个月，走遍国内 19 个省区的 29 个城市和乡村，经历了春种、夏生和秋收，讲述故事跨越中国、巴西、菲律宾等多个国家，采访、拍摄上百位人物。绵长的时空化作光影的印记，大量的延时拍摄、显微摄影精心捕捉种子发芽、生长的唯美状态，将植物漫长的生长过程浓缩成几秒瞬间，呈现出植物爆发时刻肉眼难以察觉的奇观。秉承着用“两脚泥”拍出“种子美”的精神，我们为观众奉献出一部穷极视听之美、故事生动、震撼人心的中国种子学“视听画像”。

《种子 种子》播出以来引发了社会强烈反响，获得了极高的话题讨论度。“若有知音见采，不辞遍唱阳春。”为了与广大网友进行深度互动和充分交流，我提议以楹联的方式延续受众对“种子”的关注，并提一上联：“种子种，种种种”！ 6 六字上联，5 个“种”字，囊括 3 种读音、3 种词性，共有 4 种读法。虽尚不属于工整的楹联标准，但我们希望以这种别致风雅的方式与网友们“君子会友”，分享志趣、寻找知音。

下联“征集令”一出，响震楹联界，一众好手前来切磋，短短一个月，就有来自海内外网友的 110926 条下联汇集到总台央视财经客户端和央视频。单一个“种”字能有如此能量，真可以说是“一字千金”。让我感动的是，一位来自安徽省宿松县 87 岁的耄耋老人寄来一封读者来信，恳言自己在解放前因家贫只读到小学五年级，也未学过诗词曲赋楹联，但对这一上联爱不释手，连续五天，阅读品赏，并对一下联：藏粮藏，藏藏藏……老人文辞恳切，极尽谦和，在关注总台纪录片之余，还以书信相通，一抒胸臆，颇有古人之风骨，怎能不让人感慨一句“此艺知音自古难”。

滚烫的文字，背后是美好的期盼。从纪录片到对楹联，“种子”所蕴含的家国情感和文化根基如此引人入胜，激发我们再一次尝试将“种子”的故事纵向延伸。今天献给读者的这本书，就是我们创作的一本崭新的“种子”科普读物，它既“一以贯之”，又“和而不同”，它以《种子 种子》纪录片为蓝本，却不是解说词的文字搬运，而是重塑了叙事结构，充实进大量内容，拓展了镜头所未及的深度和广度。镶嵌在文章中的二维码也用足了“小心思”，让读者在纸上“读”视频，“码”上看影片，带来立体式的阅读体验。我们希望这些兼具文化感的创意、高浓度的概念与年轻态的表达，让古老的种子意象焕发出互联网的新彩。

“种子”的故事永相传续。在中华民族的基因里，种子拥有超越其物质形态的价值意义，一粒粒饱含生机的种子，承载着中华民族的悠久记忆，守护着国家粮食安全的命脉，焕发着美好生活的勃勃生机。袁隆平院士生前常说：“人就像种子，要做一粒好种子。”种子播于心田，必将生生不息。总台将继续深深扎根于中国故事的“土壤”，用镜头记录中华大地上根脉扩张、绵延不绝的生命之种、科技之种、艺术之种、文明之种，以更多的精品内容到观众心头“种”下一颗静待被唤醒的种子，期待这颗种子涵养出更加深沉的文化自信，迸发出传承创新的焕然活力，向阳而生，迎风绽放。

中宣部副部长　中央广播电视总台台长　慎海雄

2023年6月

目录

第三章　种质与人类生活 / 121

第四章　把根留住 / 173

第一章

与物种结缘

人类通过
进化得以诞生
大冰期的
地球
种子萌发出禾苗，也
萌发出人类的希望

1万多年之前，人类的祖先一直过着靠天吃饭的采猎生活。林中的野果、原上的走兽，为祖先们提供了“自助大餐”。

然而，一场大冰期的天灾改变了这一切，并将人类推向一个命运的十字路口。人类只有自力更生，才能走出困境。

原始人打猎场景

原始人采集食物场景

原始人圈养驯化动物

大冰期的猛犸象

好在，大自然中丰富多彩的物种给人类祖先带来了希望。他们开始仔细端详起这些物种，从中找到那些最容易驯化、与自己最有“缘”的生物，带回自己身边，细心呵护起来。从收集草籽，到圈养牛羊，人类开启了一段原始而又漫长的物种驯化历程。

01 作物驯化：从第一粒种子开始

嘉禾蔚生，麦浪翻滚，粮食丰收的美景是刻进中国人骨子里的喜悦。农作物支撑着每个人的热量所需，也支撑着整个人类社会的运转。粮食的丰收带来人口的增长，让不事农业的人也可以共同分享，于是人类就有了城市，有了产业分工，有了政府……最终创造出了工业文明。

对农作物的驯化耗费了人类漫长的时光，但也彻底改变了人类的命运。可以说，今天的一切，都是从1万年前的那一粒种子开始的。

揭秘国家种质库："种子"和"种质"有什么不同?

右页上图及中图

种子

右页下两图

丰收的麦田与稻田

在此之前的百万年中，人类过着靠天吃饭的生活，森林和草原就是天然的“大食堂”，肉食为主，素食为辅。无奈“天公不作美”，在距今约12000年前，全世界出现了一次猛烈的冰期（新仙女木事件），持续长达1000年。严酷的冰期导致欧亚大陆上的动、植物资源锐减，原先狩猎采集的生活难以为继。

老天爷不赏饭，那就自力更生。于是，先民开始把目光转向了此前并不那么关注的植物果实——草籽。就在1万多年前，所谓的“农作物”其实只是毫不起眼的野草。先民们开始有意识地栽种这些“野草”来“逆天改命”。

最早播下那一粒种子的，是西亚的先民。那里土壤条件优越，又有河流灌溉，连绵的沃土形成了一条形似月牙的狭长地带，被后人称为“新月沃土”。

考古研究发现，在距今11000年以前，新月沃土南部，也就是如今的叙利亚等地区，先民们首先种下了农作物，他们选择的作物是小麦（当时的小麦为4倍体，而现代的小麦为6倍体，驯化历史只有8000多年）。

左页图
古代传统农业场景

右页图
野麦子是小麦的野草亲戚

小麦属于禾本科，在生物分类学上算作禾本科草本植物。所以说，小麦有许多野草亲戚，甚至其本身也是一种草。不过，小麦与野草的区别在于其籽实营养丰富，尤其是淀粉和蛋白质含量很高。对于史前时代的人类而言，这毫无疑问是珍贵的食物来源。

对考古遗址出土的小麦遗存研究发现，那里的先民们最早是直接种植野生小麦的。可野生小麦有个严重的缺陷，那就是难以收割。作为一种野生植物，野生小麦开花结果的目的可不是为了填饱人类的肚子，而是为自身的繁衍。所以，野生小麦的种子成熟以后会自动脱落掉进泥土里，这样才能繁育下一代。对人类来说，这个特性是个大麻烦。种子掉进泥里可怎么收获呢？总不能把海量的种子一粒一粒从泥土里拾取出来吧。所以，当时的人们只能趁着种子还没成熟脱落之前就快速收割。

可想而知，收割未成熟的小麦，获得的营养价值必然大打折扣。

小麦农作物

野麦子是小麦的野草亲戚

经人工培育后的现代小麦麦穗

古埃及啤酒圣人
——自然女神伊西斯，她带领古埃及人酿造出了啤酒

当然，勤劳的先民们不会放弃努力。在一代代的培育过程中，小麦发生了基因突变，种子与颖壳的连接结构发生变化，成熟以后也不再脱落。这种新的变异正好满足了人类的需求，实现了小麦驯化之路上最关键的跨越。此后，驯化的小麦开始以新月沃土为中心，向着四面八方传播。距今约8500年前，驯化小麦进入了东欧。距今约8000年前，进入埃及。距今6000年前，进入英国和北欧。距今4000年前，小麦最终也传入了中国。各地的人们也开发出了食用小麦的各种花样，其中登峰造极的就是古埃及人。古埃及人首先发明了烤炉和烤面包的烘焙方法，是今天各式面包的鼻祖。而在距今5000年前，埃及人甚至开始建造啤酒厂，大规模使用小麦或大麦酿酒。在遗留至今的古埃及壁画中，我们还能看到当时的人们饮用啤酒的画面。

现代小麦收割场景

当新月沃土上的先民开始驯化小麦，中华大地上的人们也紧随其后，开始了水稻驯化的征程。考古研究表明，在距今1万年前的江西仙人洞等新石器时代遗址中，出土了大量的水稻遗存，不过这些水稻在形态上仍然接近野生。而在短短的1000多年以后，水稻的驯化就已经基本完成了。距今约8000年前的河南贾湖遗址中出土的水稻就已经是驯化成功的形态。而在距今约7000年前的浙江河姆渡遗址中，考古学家还发掘出土了“甑”——一种蒸食炊具。这意味着，当时的人们已经有条件蒸饭了。

中国人在驯化水稻的路上并不孤单，在亚洲大陆南端，印度先民也驯化了水稻。

二者区别在于，中国先民驯化的是粳米，米粒圆润短小，我们常吃的东北大米就是一种粳米。而印度人驯化的是籼米，米粒细长，泰国香米就属于籼米。

新石器时代的炭化稻米粒

河姆渡遗址

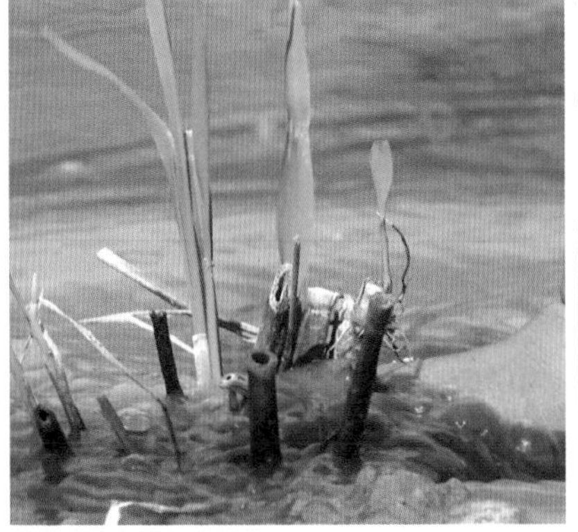

野生稻驯化

或许米饭的味道太让人着迷，世界各地的人们都热衷于驯化水稻。距今约 3000 年前的非洲人利用当地的野生植物资源，成功驯化出了“非洲稻米”，也被称为“光稃稻”。这类水稻抗病虫害能力强，同时还抗旱抗涝，种植过程中不需要过多的劳动力投入。

可惜的是，非洲水稻的产量比亚洲水稻低，所以对农民而言并不是很受欢迎，在如今的市面上也比较少见。

震惊！新品种水稻竟然可以这样培育？

中国水稻专家开展育种工作

籼米

粳米

非洲马达加斯加人正在插秧

最近几年的考古研究更是发现，原来南美洲的史前原住民也驯化过水稻。在巴西亚马孙盆地的考古遗址中，考古工作者从土壤中筛选出了大量 4000 年前的农作物植硅体。所谓的植硅体就是植物吸收土壤中的硅而在体内形成的显微结构。因为每种植物的植硅体形态不同，所以根据植硅体的遗存就可以反推出这里曾经种植过什么样的植物。

不过南美洲原住民的水稻种植事业只是昙花一现，并没有坚持下去。他们把主要精力放到另一种大有可为的作物——玉米身上，让玉米成为当地的主流驯化作物。考古工作者推测，早在 6000 ~ 7000 年前，南美洲原住民已开始广泛种植玉米。在秘鲁古城遗址出土的陶器和建筑物上，镶嵌有大量玉米籽粒和果穗的图案。

玉米的祖先原本是南美洲大地上一种其貌不扬的杂草——大刍草。大刍草在生长过程中会不断分叉形成许多茎秆，上面有许多纤细的果穗，果穗上结着稀稀拉拉的玉米籽粒，籽粒外还包裹着一层坚硬的外壳。

大刍草

据推测，南美洲原住民会在孟春之月举行祭祀活动，向上天祈求谷物丰收。作为祭礼的谷物，在外形上都经过精挑细选，比如将穗大粒多的果穗留种，将鲜艳美观、籽粒饱满的果穗作为祭礼。多亏了这样的挑剔，使品种得到了改良，让看起来没什么“干货”的野草，逐渐华丽变身成南美洲以及中美洲的主粮担当。经过数代选育后的玉米，茎秆上不再有凌乱的分叉，而是只有一根粗壮的茎秆，上面结出少量的果穗，这样每个果穗都能获得更多营养、长得更加饱满，籽粒的数量也明显增加。此外，种粒外的坚硬外壳，被更加柔软的种皮取代。

这就是今天的三大主粮：玉米、水稻、小麦，最早被全球各地先民驯化的作物。

玉米果穗

左页上图

沉甸甸的谷穗

左页下图

小米的生长周期

右页左图

华北地区新石器时代器皿——红陶盂及支座

右页右图

青海省喇家遗址发现的面条

那么，有没有哪种重要的农作物只有中国人驯化过？当然有，这种农作物的野生祖先就是随处可见的狗尾草，它就是今天人们熟悉的小米。小米也叫作“粟”，平常俗称“五谷”里的“稷”指的就是小米。在古代，小米是华夏民族极其重要的农作物。不仅《诗经》中经常提及它，唐诗名句“春种一粒粟，秋收万颗子”更是流传了上千年，如今依然家喻户晓。

考古工作者分析了华北地区新石器时代遗址各类器皿表面残留的淀粉粒，发现这些具有约11000年历史的淀粉粒属于已经驯化的小米，这意味着小米在中国的驯化历史极其久远。此后，驯化的小米以中国北方为中心向四周传播。在距今约5000年前，小米向南传播进入四川和广西等地，向北则进入了西伯利亚，在约4000年前进入了欧洲。

在今天，小米的主要吃法是煮粥或者蒸食，但在史前时代，小米居然成就了一种中国人离不开的美食，那就是面条。21世纪初，中国的考古工作者在青海省喇家遗址发现了一个被泥土填满的碗具，因为泥土的密封效果很好，所以碗中4000年前的剩饭也被保留下来。

考古人员将碗倒扣过来，发现碗底居然有没吃完的面条。后续的植硅体和淀粉分析确认，这碗面条的主要成分就是小米。

大自然赋予了人类无限的宝藏，里面蕴藏着各类足以改变人类命运的植物资源。但是，把植物从林间野草变为果腹的谷物需要漫长的驯化时光，不是某一个民族可以独自完成的。在历史上，世界各地的族群都充分利用当地的物种资源，驯化出了珍贵的作物品种，并通过人口迁徙和贸易网络向全球传播。人们相互交流着各自的作物物种与种植经验，使这些作物种子在世界各地生根发芽，并不断发展壮大，产生许多适应新环境的地方品种。

人类历尽千辛万苦驯化了作物，填饱了肚子，也丰富了餐桌，但反过来想想，作物何尝不是在“驯化”人类，与人类一起走上进化之路呢？除了驯化植物，人类把许多动物变成家禽、家畜的过程，也非常值得记录。

右页图

人类充分利用当地的物种资源

02 牛：让山川易容的野兽

中国人爱说一句吉祥话：五谷丰登，六畜兴旺。对于面朝黄土背朝天的农民而言，六畜之中最重要的牲畜恐怕“非牛莫属”。在农业机械尚未出现的年代和机械未普及的地区，人类非常需要借助牛的力量开垦广袤的大地。没有牛，何谈山川易容、五谷丰登呢？

可是，牛本是山野中桀骜不驯的野兽，它们是如何走入中国人的生活，成为传统田园画卷中温顺而最有力的一笔？这一切还得从“老牛家”的族谱说起。

在自然界，牛科动物是一个“牛口”繁多、历史悠久的大家族，包含了 400 多个物种。

中国六畜图
（牛 马 羊 猪 鸡 狗）

美洲野牛

牛科动物中大部分家庭成员和我们熟知的家牛长得并不相似，也不适合驯化。直到距今约 260 万年前，地球上更加频繁的冷风吹开了第四纪的篇章，广袤的大地上出现了一类新的生物。古生物学家凡是见到它们留下的化石，都会说一句“真牛！”这里的真牛并不是感叹词，而是这类生物的通称，因为它们的形态已经和现代的家养牛比较相近了。

在美洲大陆，与史前人类共存的真牛主要是神兽一般的美洲野牛（*Bison bison*）。雄牛体长将近四米，肩高两米，体重常常超过一吨。在猛犸象灭绝以后的美洲，它们就是北美最彪悍的食草动物了。不仅如此，美洲野牛浑身层层叠叠的腱子肉赋予了它高速移动能力。每年的迁徙季节，成百上千头野牛以每小时近 50 千米的速度飞奔，场面震天动地。面对美洲野牛，当地的先民将它们视为神圣的图腾象征，而非驯化目标。后来的欧洲移民也尝试过驯化美洲野牛，但事实证明这条路走不通，因为美洲野牛脾气太过暴躁，轻轻一撞就把围栏冲破了。它们甚至可以不需要撞破围栏就能逃跑，毕竟它们只要蹦起来可以轻松跃过成年人的头顶。要彻底驯化它，恐怕豁出命也做不到。

而在大西洋的另一侧，欧亚大陆的史前居民则幸运得多。他们的身边除了同样暴脾气的欧洲野牛，还有一种更容易接近的物种，名叫原牛（Aurochs）。它们正是现代家牛的直系祖先。

原牛的起源仍然存在争议，但可以确定的是，在距今至少10万年前，东至中国，西至西班牙，几乎整个欧亚大陆都有它的身影。原牛的体型其实也很庞大，恺撒大帝曾在《高卢战记》中写道："原牛的体型只是比大象略微小一些，毛色与形态和其他公牛差不多。"不过现代的动物考古证据显示，恺撒大帝其实高估了原牛。

它们的真实肩高最多只有1.8米，而且与其他真牛相比，原牛已经算是比较温顺的了。

欧洲野牛

距今 11000 年以前，新月沃土地区的人类驯化了普通牛——黄牛。当中东人驯化出黄牛之时，印度人也不甘落后。在距今约 8000 年前，他们利用本土的原牛驯化出了独特的瘤牛（*Bos indicus*）。顾名思义，它们的背上有个巨大的瘤子，这当然不是肿瘤，而是脂肪，类似于骆驼的驼峰，可以用来储存营养。瘤牛的优势在于，它们更加耐热，所以深受热带地区人们的喜爱。在驯化后不久，瘤牛就传播到了东南亚以及中国南方，甚至还在距今约 5000 年前的时候进入了非洲。

瘤牛并不仅仅停留在中国南方，它们甚至还早早地进入了新疆地区。像是《汉书·西域传》就记载了大月氏国有一种背上长瘤，好像骆驼一样的牛，这显然是印度人驯化的瘤牛了。

对于中国北方大部分地区而言，古人见到的第一头“进口牛”应当还是来自中东的黄牛。这种黄牛在距今约 5000 年前首先出现在甘肃地区，紧接着逐步深入中原腹地。这条传播路线是不是很眼熟？没错，这正好和丝绸之路重合了。

左页图
古埃及壁画上牛的浮雕

右页图
印度瘤牛

对于精于农耕的中国人而言，家养牛的出现可谓正中下怀。可是要让耕牛们一改“牛脾气”，老老实实听从指令、任劳任怨地干活，这又是一个难题。在驯化早期，人们像驾驭马匹一样，用缰绳驾驭牛，可牛的力气岂是人类能博弈的？于是，人类发明了牛鼻环。因为鼻部触觉敏感，为了避免拉扯的疼痛，牛只能老老实实地跟着主人的牵引走。而考古研究发现，山西省浑源县东坊城乡李峪村出土的青铜器牛尊上就有牛鼻环，这说明春秋战国时期的中国人就已经明白了“牵牛要牵牛鼻子”的道理。搭配着牛鼻环和新兴的铁制农具，牛耕的方式最晚至汉代就已在中原地区普及，极大提高了生产效率。从此以后，牛就成了中国人在田野间最默契的搭档，一直到今天，一些地区的牛耕传统依然存在。而为了保护这些勤勤恳恳的“劳动力”，从汉代开始，历代王朝都会颁布政令，限制甚至禁止民间宰杀耕牛，违者可能面临徒刑。

说到这儿你可能要问了，中国地大物博，本身也有野生原牛，古人为什么不自己驯化，而是选择中东和印度的现成品种呢？实际上，史前中国人很可能尝试过驯化原牛。之所以这么说，是因为动物考古专家在东北地区发现了距今 1 万年前的原牛下颌化石。这块化石的牙齿保存非常完好，可是左右两侧有一对臼齿磨损非常严重。专家认为，这很可能是因为牛生前在嘴里长年累月衔着绳子。野牛当然不会自己找绳子衔着，只有人类驯化的家养牛才有这种行为。

换句话说，可能早在 1 万年以前，中国人就独立驯化原牛了。不过，这一批史前的“东北牛”究竟有没有后代留到现代？还是成了灭绝的旁支？我们仍然没有确切的答案。

右页图
穿着牛鼻环的公牛

不过可以确定的是，中国对于家牛的驯化有一个特殊的贡献，那就是培育出了牦牛（*Bos grunniens*）。牦牛的祖先也是原牛，它们在距今 100 万年前闯进“生命禁区”青藏高原。为了适应高寒环境，它们进化出了厚厚的“毛衣”。为了适应低氧环境，它们又进化出适应低氧环境的生理结构和基因变异，可以让血液更高效输送氧气。最终，这些原牛逐渐进化成了一个独特的物种——野牦牛。因为青藏高原上长期没有人类居住，也没有大型肉食动物，这些野牦牛基本上是生活在一个天堂般的自由环境中。直到距今约 7000 年前，藏民的祖先才将这些野牦牛驯化为“高原之舟”。值得一提的是，青藏高原居民驯化牦牛不仅获得了农耕的助手和肉食，还能收集牛粪当作燃料。青藏高原上树木极其稀少，因此缺少柴薪。于是，他们就把牛粪收集起来，晒干做成牛粪饼，用于烧火做饭。

现今，机械化的普及让耕牛在中国已经普遍“失业”，它们的身份也从人类的劳动伙伴，变成了改善人类生活的“伙食”。尽管如此，牛数千年来勤劳能干的形象，依然会留存在人们记忆中，永不逝去。

左页上图及下图右
青藏高原野牦牛

左页下图左
晒干的牛粪饼可作为燃料

右页图
生猪与猪肉

03 猪与羊：谁才是国民美食？

“黄州好猪肉，价贱如泥土。贵者不肯吃，贫者不解煮。”

苏东坡记录了猪肉在宋朝的黄州地区遭到的冷遇，在当时，喜爱的美食是羊肉。不论乡野民间还是朝堂贵胄，羊肉都是古人趋之若鹜的肉食。《宋会要辑稿》记载，宋神宗时期皇宫每年都要吃掉200多吨羊肉。

时过境迁，如今猪肉已经成为中国人餐桌最常见的肉类，2020年全国猪肉消费量超过4600万吨，而羊肉只有500万吨左右。

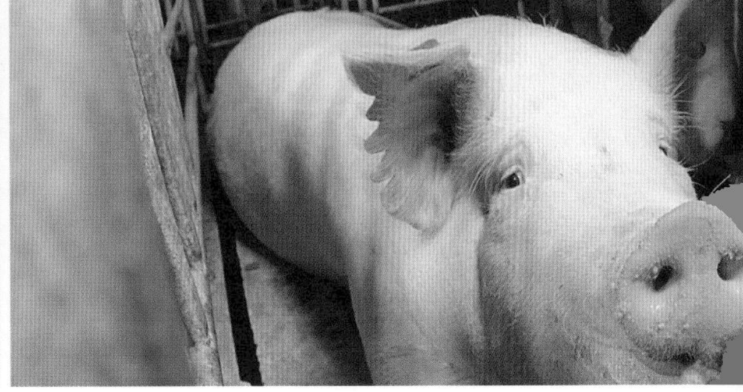

猪与羊，它们自驯化伊始就被选中用来满足人类的口腹之欲。在中国古代，牛作为农耕畜力常常被禁止宰杀，马则是珍贵的交通工具和战争资源，所以猪与羊就成了人们最主要的肉食来源。可是，这两种生物是如何从山野走上餐桌，又是如何竞相争当“国民第一肉食”的呢？我们得从新石器时代说起。

猪能老老实实被人类驯化，这让人有些意外，因为它们的祖先不是温顺的食草动物，而是凶猛的欧亚野猪（*Sus scrofa*）。欧亚野猪体重最高可超过 200 千克，奔跑速度超过每小时 40 千米，跳跃高度达到 1.5 米，还长有粗壮的犬齿，长度超过 10 厘米。野猪平时也会捕食小动物，野兔、小鹿都可能会成为野猪的猎物。

人类是如何让凶猛的野猪变成驯服的家猪，这还是个科学界没有定论的问题。有的科学家认为，猪的驯化始于人类的捕猎。当一些野猪被抓住后，人类没有选择直接宰杀，而是留着选育后代，于是逐渐变成了今天的家猪。而另有观点认为，其实最开始是猪主动接近人类，进入人类的聚居区，或许是为了人类身边的食品垃圾等食物资源。二者和谐共生一段时间后，人类就开始选育这些主动送上门的野猪，实现了猪的驯化。

左页图

欧亚野猪

右页上图

野猪锋利的牙齿

右页下两图

驯化后的猪

无论如何，最早驯化野猪的人类是需要勇气的。而考古学研究表明，这批勇敢的人分别来自新石器时代的西亚和中国。

在距今 1 万多年前的中东和土耳其地区考古遗址中，考古学家发现了大量的猪骨遗存。这些猪骨体型比野生状态更小巧，牙齿尺寸也有所缩减，显然是人类选育的结果。而古 DNA 学者通过提取猪骨中残存的线粒体遗传信息发现，西亚先民驯化的野猪甚至还在距今 8000 年前被传播到了欧洲地区，并在距今 6000 年前进入了巴黎盆地，也就是西欧的腹地。基因研究同样还揭示，家猪进入欧洲以后其实还在不停地“野化”。欧洲本土的野猪与已经驯化的家猪交配，于是培育出了独立于西亚家猪的独立品系。

那么，中国的家猪又是从哪来的呢?

考古研究显示，距今 8000 年前，中国人最早在东亚地区开始独立地驯化野猪。当时的华北地区气候温暖湿润，遍布着原始森林，繁衍着大量的野猪，也孕育着早期的农业文明。在黄河流域的磁山、贾湖等遗址中，考古人员发掘出土了大量猪骨和猪牙。测量结果显示，这些猪牙的尺寸比野生种明显缩小，意味着人类的驯化选育已经开始。而根据骨骼同位素化学成分分析，人们发现在仰韶时代，也就是距今 6500 ~ 5000 年前，遗址中出土的猪生前基本是吃混有小米等粮食的饲料长大的,这也意味着这些猪基本是被人类圈养的。

考古学家还认为，当时的中国先民已经学会了“循环利用”，他们不仅用粮食喂猪，还会用猪粪做肥料，提高粮食产量。

新石器时代猪头骨化石

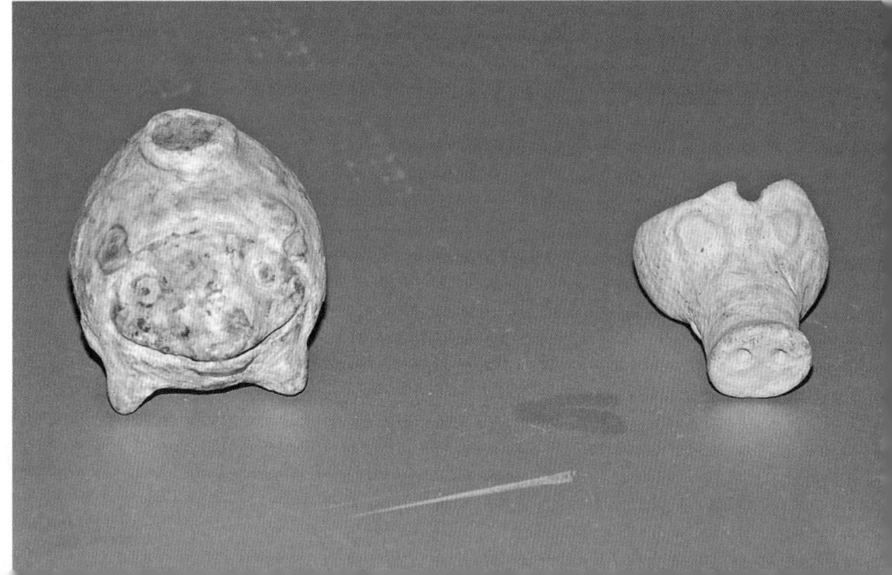

上图
现代人类饲养的野猪

下图
三星堆出土的陶猪

山羊

相比于野猪，身为草食动物的羊似乎更容易驯化，并且山羊与绵羊有着不同的驯化路线。野山羊（*Bezoar ibex*）虽然温顺，但也是生活中的勇者，它们广泛地分布在自然条件恶劣的山地。目前，最古老的驯化山羊骨骼出土于伊朗的扎格罗斯山脉，距今有 1 万年的历史。我们之所以认为这些山羊经历过驯化，是因为考古学家给这些新石器时代的山羊骨骼做了一场“法医鉴定”。研究发现，遗址出土的公羊被宰杀的年龄相对年轻，而母羊的死亡年龄更老。当时的人们优先吃公羊肉，正是为了留下母羊，多培育一些后代。这就说明人们是在养羊，而不是纯粹把羊作为猎物。后续的古 DNA 研究还发现，这一批已经驯化的羊中有不少羊的基因与野山羊更相似。这意味着当时的人们还会时不时抓一些野羊参与育种，丰富驯化羊群的遗传资源库。

绵羊

伊朗罗勒斯坦扎格罗斯山上的羊群

绵羊的家谱至今也没有梳理清楚，学者们提出了很多不同的假说。有人认为是距今 1 万多年前的土耳其先民驯化了绵羊，也有人认为是距今 9000 年前的印度人。家养绵羊的野生祖先是谁也不甚清楚，一般认为它们繁衍自亚洲地区的盘羊（*Ovis gmelini*）。有意思的是，尽管今天的人们养绵羊主要是为了获取羊毛，但新石器时代的先民们驯化绵羊最开始只是为了羊肉和羊奶。直到距今 8000 年前，人类才开始重视培育长着又长又厚的毛的绵羊。

在新石器时代晚期，家养的绵羊与山羊开始“徒步”中国。它们跟随着人类的迁徙与交流，沿着后来成为丝绸之路的路线，进入新疆，再沿着黄河流域一路向东。在甘肃和青海，考古学家发现了中国最古老的绵羊骨骼，距今有 5000 余年的历史。而在河南的二里头遗址，则出土了最古老的山羊骨骼，距今 3000 多年。自此开始，羊就和猪一起成了中国人家养的动物。

盘羊

二里头遗址出土的陶羊头

二里头遗址出土的山羊肩胛骨

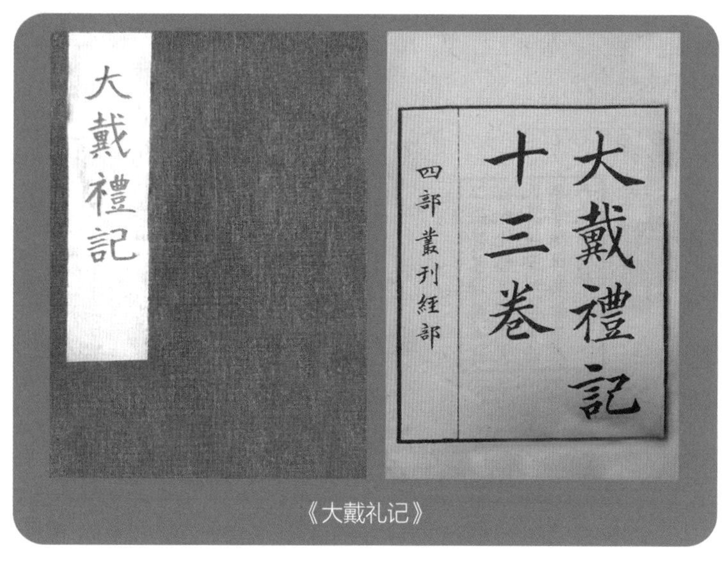

《大戴礼记》

自中华文明诞生伊始，羊肉与猪肉的地位就是“不公平”的。按照儒家经典《大戴礼记》的记载，“诸侯之祭，牲牛，曰太牢；大夫之祭，牲羊，曰少牢；士之祭，牲特豕，曰馈食”。也就是说，周天子或者诸侯举行祭祀仪式上会用牛作为牺牲，高级的大夫则用羊，而猪用于地位更低的士绅阶层举行的祭祀仪式。

当然，礼教的等级限制并没有影响古人对于猪肉的热爱。在各朝代的宫殿遗址中，考古学家总能发现大量的猪骨。中国古人不仅爱吃猪肉，而且还不断提升养猪技术。早在商周时期，古人就掌握了“劁猪（阉猪）”的手艺。他们发现，劁过的公猪不仅性情更温顺，而且长膘更快，肉质更鲜美。南北朝时期，人们还学会散养与舍养相结合，根据季节调整饲料。而到了唐朝，甚至出现了养猪数千头的官办养猪场。

劁猪匠

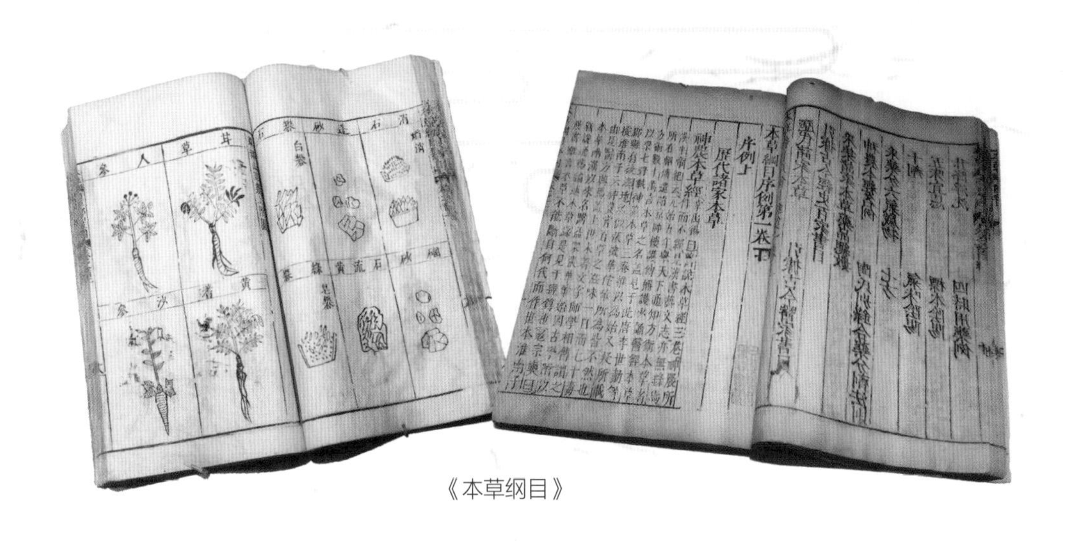
本草綱目序例第一卷上

序例上

歷代諸家本草

神農本草經

《本草纲目》

经过数千年的积淀，中国古人培育出了大量具有地方特色的家猪品系。明朝的《本草纲目》记载，“猪天下畜之而各有不同”，比如淮海地区猪耳大，河北猪皮厚，陕西猪蹄子短，岭南的猪又白又肥。18 世纪，欧洲商人进入中国以后发现当地的猪品种比欧洲品种优良，于是引进中国改良品种的猪。如今流行全世界的约克夏猪和巴克夏猪就是英国品种猪与中国品种猪杂交选育的后代。

中国培育的家猪品种

羊羔跪乳

相比于猪，羊肉一直受到中国人的极度喜爱。羊不仅象征了“祥”，小羊羔跪着吃奶的习性更是契合了传统孝文化的心理需求。商周时期，人们就开始把羊的形象刻画在象征着权威的青铜器上，其代表作就是被称为国宝的“四羊方尊”。南北朝时期的风物志《洛阳伽蓝记》甚至记载，当时的士大夫把羊尊为“陆产之最”，也就是陆地上最好的物产。直至唐宋时期，国人对于羊肉的热爱达到了狂热的地步。北宋时期，宰相甚至上书皇帝，建议皇家的肉食只限于羊肉。

但是养羊有个很大的难题，那就是成本太高。猪作为杂食性动物，好喂养，长肉快。而羊需要大片的草场供养，明代的史料记载，江南地区养大约十只山羊，一年就得耗费一万五千斤的草料。为了养羊，古人甚至把许多养马场改成羊牧场，影响了战马的供应。北方许多游牧民族入主中原初期，也把大量肥沃的耕地改做草场养羊，影响了底层百姓的生计。换言之，对于人口稠密、草场有限的中原地区而言，吃猪肉可能比吃羊肉更经济。自明清时期开始，猪肉也逐渐取代羊肉，成为中国人的主要肉食。

尽管猪肉成功逆袭，但是中国人对于养羊的热情也没有消减，并且还培育出了大量地方特色品种。比如江浙的湖羊，一年多胎，一胎多羔，繁育能力极强；

四羊方尊

宁夏的滩羊，膻味轻，肉质美，其羊毛和羊皮质地上乘，是高档的制衣原料；还有青藏高原的藏羊，它们能适应高寒高海拔的缺氧环境，在极端恶劣的自然条件下也能正常繁育。

如今，我们吃的每一口猪肉和羊肉都是人类祖先上万年物种驯化的结果。而为了充分保证人类社会今后的肉食供应，我们需要不断优化养殖模式和科学育种，减少养猪和养羊的经济与生态成本，这也是农业科研工作者们不断努力的方向。

山羊能够适应贫瘠多山的环境

江浙的湖羊

宁夏滩羊

藏羊

04 马：牵引着人类文明的物种

“给我一匹马，我愿意用我的王国换一匹马！”

这是莎士比亚笔下的经典台词。英国国王理查德三世的爱马战死后，他向身边的人如此怒吼着。只可惜，这位暴君最后不仅没保住战马，也没保住自己的性命，甚至连王国也被叛军占领。

理查德三世

人类驯化马，很少是为口腹之欲，更多考虑的是它的实用性。

马，凭借着矫健的身姿以及卓越的越野能力，成为古代战争与交通中最重要的元素。人的智慧与马的速度一起书写了数千年的文明史。可是你能想到吗？马科动物最古老的祖先——始祖马（*Hyracotherium*）——其实只有猫那么大。从娇小的始祖马，到彪悍的野马，再到家养马，马的进化与驯化历史跨越了数千万年。

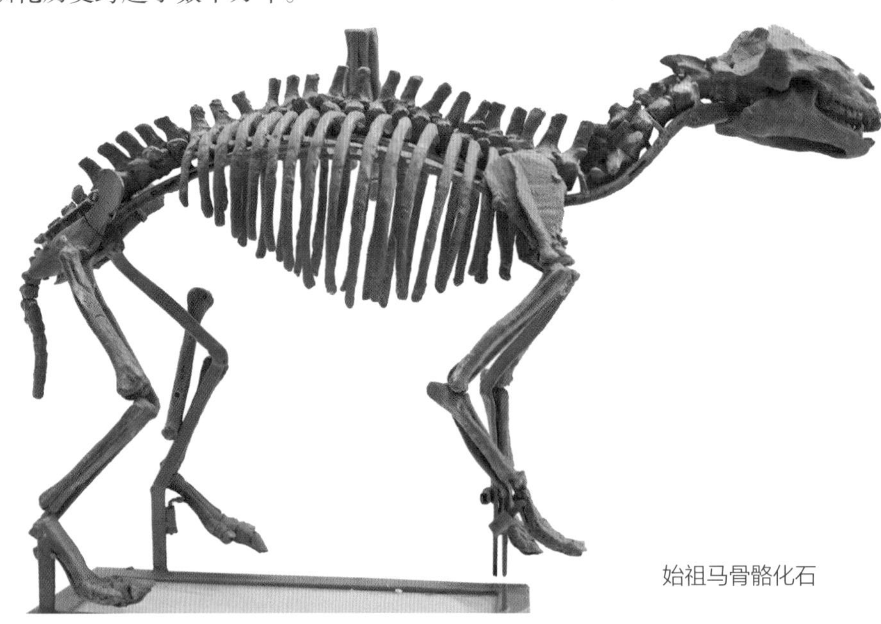

始祖马骨骼化石

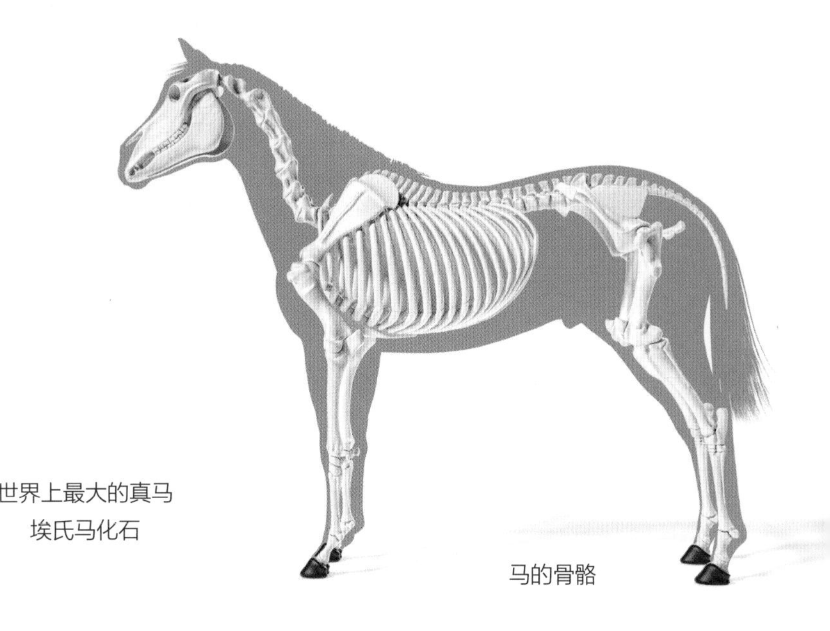

马的骨骼

世界上最大的真马
埃氏马化石

根据化石记录，始祖马是马科动物中最早出现的物种，它们生活在距今约5800万年前的始新世，也就是恐龙灭绝以后。因为它们体型娇小，身长只有半米左右，所以最早发现始祖马的古生物学家还以为自己发现了某种蹄兔。始新世气候环境湿热，始祖马本来生活在森林中。但随后剧烈的气候变化将始祖马后代的家园变成了干旱的草原。一望无际的草原上没有茂密的树丛遮蔽，是食肉动物梦寐以求的捕食场所。要想逃脱成为捕食者猎物的命运，始祖马的后代只能苦练长跑，浑身的肌肉和骨骼不断加码，四肢变得修长，同时为了适应奔跑时触地的冲击力，中间的脚趾变得硕大，而其余脚趾退化消失。于是，身材魁梧、快如疾风的马科物种就逐渐产生了。这其中，就有现代家养马的直系祖先——真马类动物。

真马类动物诞生在美洲，那里本是一个与世界隔绝的“孤岛”。可巧的是，随着冰河时期海平面下降，白令海峡变成了一座连接美洲与亚洲的“陆桥”。各种真马类动物顺势进入欧亚大陆，在广袤的草原上繁衍生息。也正是在这里，它们遇见了另一个物种——人类。

在古人类遗址中，真马类动物的骨骼化石比比皆是，但这并不能说明古人类已经学会了骑马。因为在这些骨骼表面，动物考古学家发现了大量的石器划痕，甚至还有长矛穿透的孔洞，这都是捕猎，或是剥皮和肢解关节时留下的。换句话说，当时的人类与马可不是合作伴侣，而是纯粹的捕食关系。

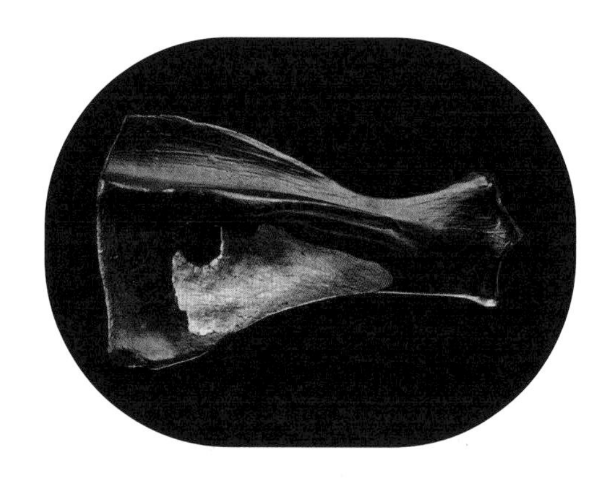

英国博克斯格罗夫遗址中的野马肩胛骨

马不仅进了古人类的胃，也进入了他们的精神世界。欧洲地区的古人类不仅会把马的骨头和牙齿做成装饰品，甚至还将它们描绘进了艺术的世界。比如在法国距今约两万年前的拉斯科洞穴壁画中，旧石器时代的古人用原始矿物颜料涂抹出了栩栩如生的野马形象。壁画中的野马四肢雄健、奔腾不息，飞跃在草原之上。尽管时隔万年，我们仍然能感受到古人类对这些自由生灵的羡慕与崇拜。

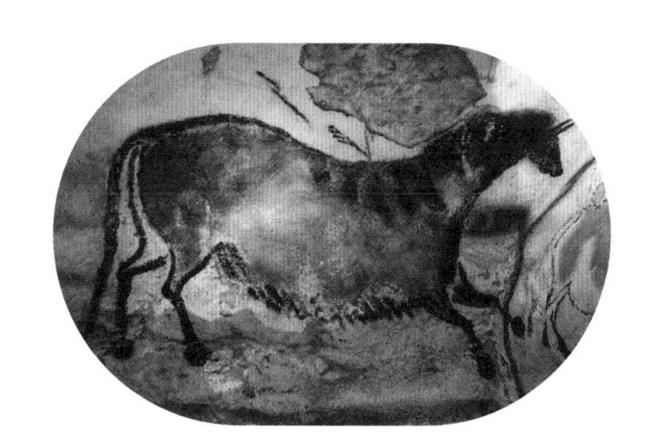

法国拉斯科洞穴旧石器时代壁画上的马

根据考古学记录，马的驯化可能开始于距今约6000年前。在当时的中亚草原，也就是哈萨克斯坦地区，分布着大量真马类动物，其中就包括了野马（*Equus ferus*）。在哈萨克斯坦的博泰遗址中，考古学家就找到了大量盛装着马奶残留物的器具，而出土的马牙上也有缰绳磨损的痕迹。这些物证都意味着当时的人类已经把野马驯化成了家养马。

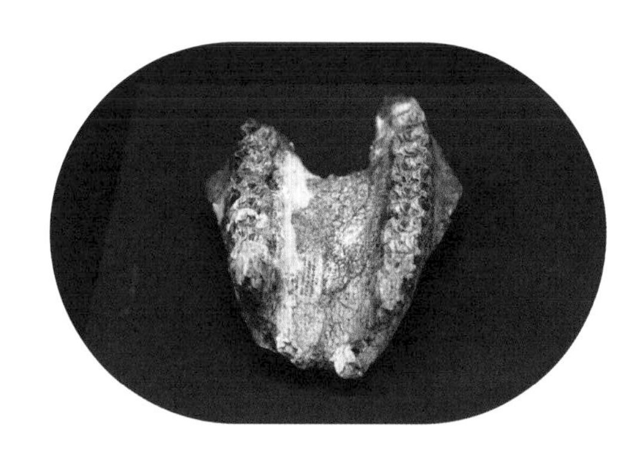

周口店遗址三门马上颌骨

不过，古 DNA 研究者们则提出了另一种观点。他们检测了欧亚各地考古遗址中马的遗骸，绘制出了马的发展谱系，认为现代家养马起源地是欧洲的伏尔加河下游，也就是俄罗斯与乌克兰等地，并在距今约 4000 年前开始快速传播到欧亚大陆的各个角落。

马的起源地至今仍是个学术界争论不休的话题，但可以肯定的是，早期人类骑马一定不是个舒服的体验，这是因为马有了，可是各类马具还没开发齐全呢。

在欧洲的青铜器时代早期，一副缰绳基本就是全套马具了。马背在奔跑时上下剧烈起伏，人要想不跌下马来，只能用双腿紧紧夹住马肚子。马不舒服，人也不舒服，而弯弓搭箭这类操作就更难完成了。当时的人们也想出了一些应对办法，比如在距今 4000 年前，人们发明了双轮战车。有马不骑，而是在后面拖着一辆小车。一人站在车上驾驶，另一人舞刀弄剑、专心战斗。

中国在商周时期也流行过类似的重型战车，是战争中的必备武器。

罗马双轮战车

一般来说，家养马可以分成三大类：

热血马（hot bloods）

冷血马（cold bloods）

温血马（warm bloods）

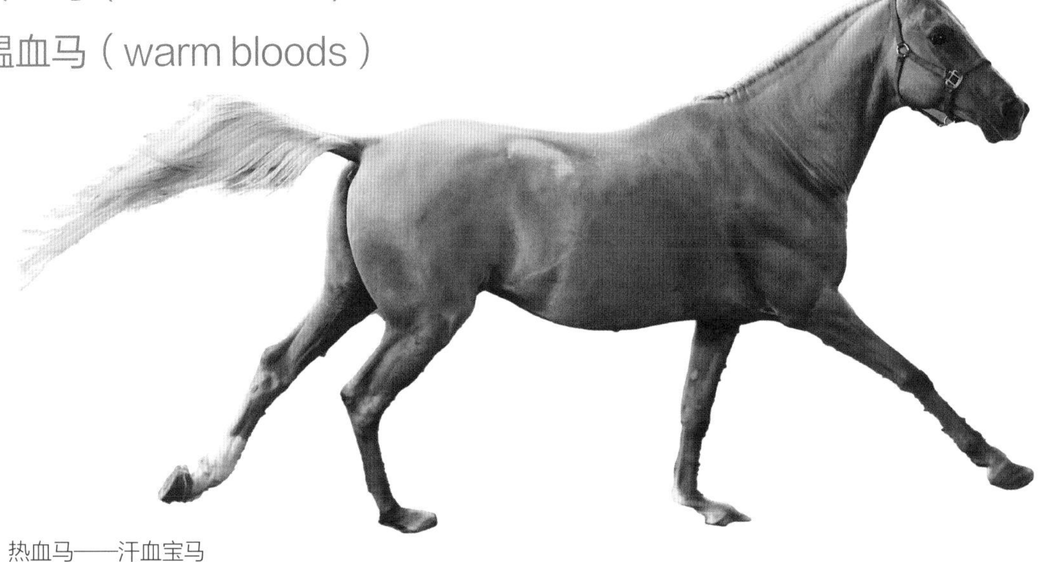

热血马——汗血宝马

这里的温度倒不是真的血液温度，而是指马的性情与身体素质。热血马竞速能力强，冷血马则适合干一些沉重的粗活，而温血马兼有二者的特性。这其中，最出风头的恐怕就是热血马了。

热血马——阿拉伯马

像是赛马中的“明星”——“英国纯种马”“阿拉伯马”，都属于热血马。此外，还有另一种中国人家喻户晓的马匹也是热血马，它的名字就是“汗血宝马”。

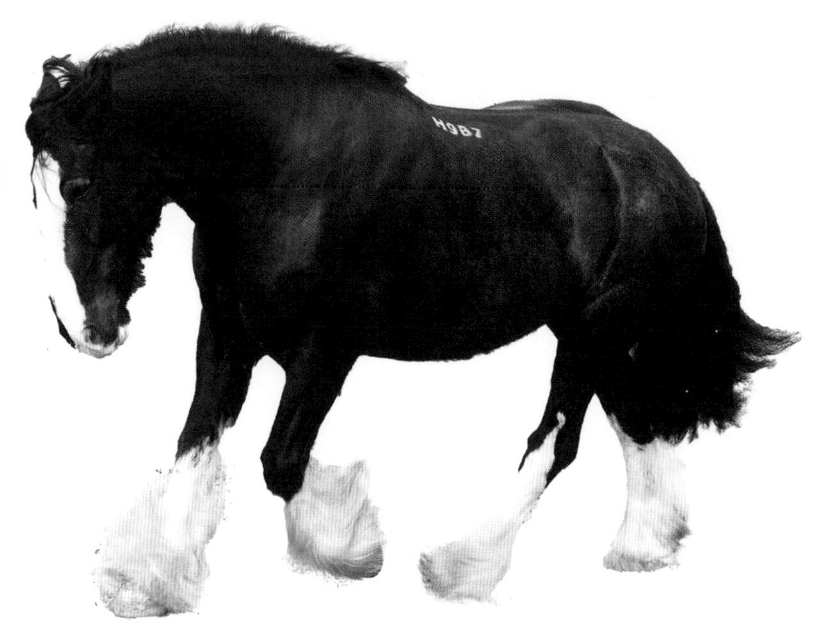

汗血宝马的本名叫作“阿哈尔捷金马”，出产自土库曼斯坦。西汉时期张骞出使西域，他被这些汗血宝马所折服，惊呼“天马”。汉武帝听闻后发兵数万，两次进攻西域，最终才得到汗血宝马。

冷血马——英国夏尔马

温血马——荷兰温血马

热血马——英国纯种马

即使从今天的角度来看，这类马匹也可谓是国宝。它们体型适中、耳朵修长、头部小巧、皮肤细薄，而最重要的特质是耐力极强。苏联时期，当地的汗血宝马骑手尝试过连续84天骑行4000千米，从土库曼斯坦一直骑到了莫斯科。而在2009年，又有人创造纪录，仅用半年时间就骑着汗血宝马从伊朗一路到了法国巴黎，跋涉近7000千米。

当然，在现代社会我们已经不再依赖马匹参与运输和战争了。不过在文娱活动中，人们保持着马术和赛马的竞技项目。而在西方国家，许多仪仗队、巡警队还保留了骑兵、骑警，象征着传统的延续。

作为人类上千年的伙伴，马仍然奔跑在人类的精神文化世界里。

上图
马术

中图
骑警

下图
赛马

05 微生物的赠礼

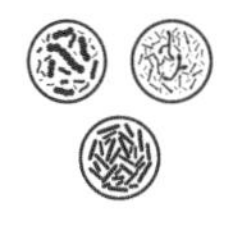

广义上，农业资源涵盖植物、动物和微生物。

2016 年，中国的考古学家在距今 3800 多年前的新疆古墓沟遗址中，找到了一个古人留下的编织袋，里面还残留了些许淡黄色的碎片，这引起了大家的注意。通过对这些“千年遗物”进行一番分子检测，考古学家惊讶地发现，这些淡黄色碎片中含有牛奶和乳酸菌的成分，和今天的酸奶非常相似！这可能就是中国最早出现的“老酸奶”了。

新疆酸奶

新疆“小河公主”墓地遗址

乳酸菌的意义非同寻常。在亚洲游牧民族驯化了牛羊等大型哺乳动物之后，奶制品也随之被纳入食谱。鲜奶虽然营养美味，却没法长期存放，而且许多人由于缺乏乳糖酶，对奶中的乳糖成分无法耐受，喝下去时常会腹胀或拉肚子，这种情况在今天的亚洲人群中依然十分常见。而无意间落入鲜奶中的乳酸菌，帮助人们打破了不能喝牛奶的限制。

这些乳酸菌可以使鲜奶变成黏稠的固态状，在发酵的过程中分解代谢鲜奶里的乳糖，转化为更易消化的营养物质，对肠胃更加友好。而酸奶经过进一步固化和加工，能够获得另一种风味独特的奶制品——奶酪，存放的时间也更久。奶制品从液态到固态的转变，极大地提高了先民们的生存能力，他们也开始有意识地保存这些“奶酪种子”（也就是乳酸菌种），通过不断将它们“种”到鲜奶里，发酵出更多的酸奶和奶酪。

新疆小河遗址有位著名的“小河公主”，她的陪葬品中就有大量的“奶酪干”。制作奶酪干的“开菲尔乳酸菌”发源于高加索地区，这种乳酸菌甚至一直流传至今，成为当今酸奶的明星菌种。

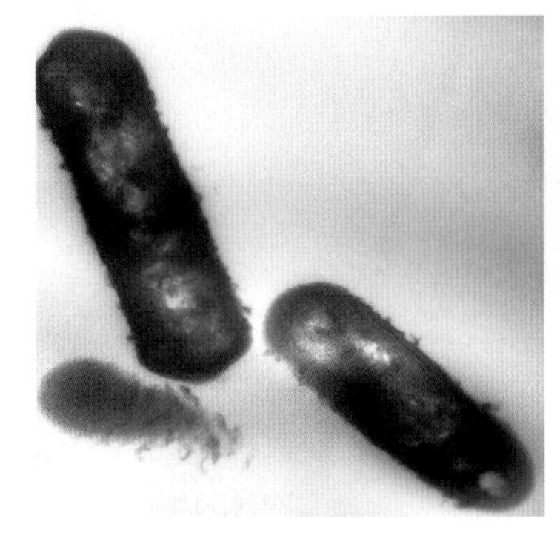
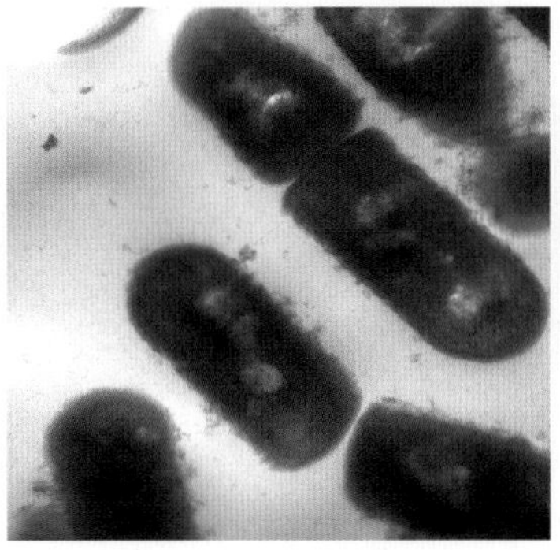
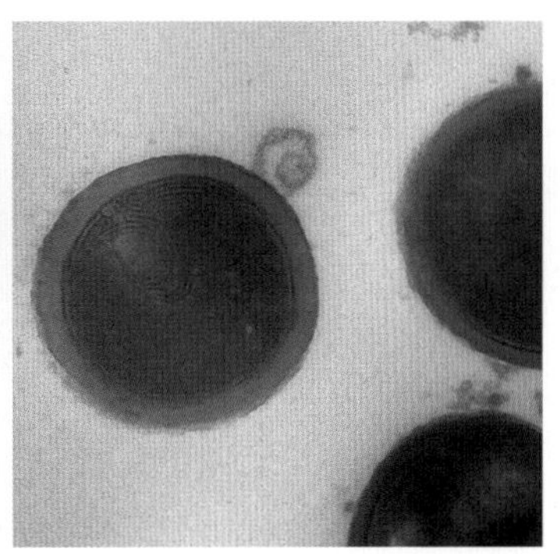

乳杆菌电镜照片
|高玉琪　供图|

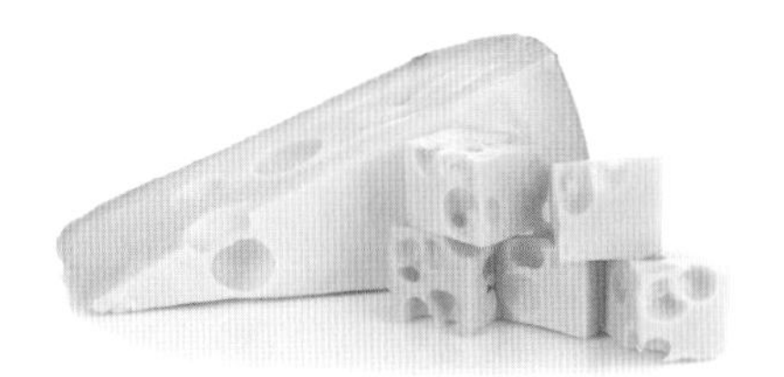

奶酪

奶制品

开菲尔菌发酵的乳制品

除了鲜奶，水果、蔬菜、肉类，也能通过乳酸菌的发酵获得更好的口感（当然其中也有些不太能令人接受）和更长的储存时间，在世界各地都有着悠久的历史。比如中国著名的四川泡菜，金华火腿，广西酸笋、酸肉、酸鸭、酸鱼……这些令人馋涎欲滴的地方美食，都是用乳酸菌(有些还有葡萄球菌参与)发酵而来的。

金华火腿

腊肠

四川泡菜

广西酸笋

不过人们对乳酸菌的依赖可能还远不止于此。近一个世纪以来，随着人们对微生物研究的深入，挖掘出了乳酸菌更多的优秀潜能。比如牧草、作物秸秆经过乳酸菌发酵之后，适口性和营养都会得到改善，还可以长期保存，随吃随取，让牛羊在万物凋零的冬天也能吃上可口的“草罐头”，长得更加肥壮。还有一些乳酸菌菌种（比如植物乳杆菌、干酪乳杆菌的部分成员）被证实有调节肠道的功效，可以作为人或动物的“益生菌”。许多效果好的菌株会被注册为专利，近年来创造了广阔的商业市场。

另一类与人类密不可分的微生物，是酵母。酵母对无氧环境和酒精的耐受程度很高，是发面和酿酒的小能手。古代埃及人率先掌握了酿造啤酒的手艺；古代中国人也酿造出了米酒、白酒、黄酒；欧洲人则更青睐于葡萄酒。科学家甚至从各地的酒窖酒罐文物遗存中找到了沉睡数千年的酿酒酵母，假如没有这些酵母，人类历史上也许就会少了诗仙李白的传世诗词，少了丘吉尔的壮志豪言，以及少了海明威的《老人与海》。

发酵的美食和饮品总是充满诱惑，但尝试在家里酿酒或自制发酵食品时一定要注意食品的安全卫生。

现代工业下的发酵使用的是成熟的菌种，并能保证稳定的环境条件，有效避免不良发酵带来的食品安全风险。而家里的“小作坊”很多并不具备这些品控条件，很容易出现有害细菌污染或产生有害发酵物质，从而导致食物中毒（严重时可能还会威胁生命）。

上图

发酵后的青贮饲料

中图

欧洲葡萄酒生产车间

下图

用酵母发面

中国传统酿酒工艺

1. 浸米

2. 蒸饭

3. 拌料

4. 落缸

5. 开耙

6. 压榨

7. 煎酒

8. 装坛

还有些微生物虽然与美食无缘，但会在其他领域扮演重要的角色，也有着响当当的大名。比如青霉菌，原本只是令人讨厌的“腐败菌”，但后来科学家从中提取到了青霉素，成为人类首次发现并批量生产的抗生素，在第二次世界大战期间救治了无数伤员。抗生素发现之前，一次伤口感染就可能夺走一个青壮年的生命，伤寒、霍乱……这些致病菌相关的大瘟疫更是令人闻风丧胆。随着青霉素等抗生素的普及和疫苗的推广，这些细菌传染病不再无药可治，人类的整体寿命也得到大幅提升。

今天，人类仍在世界各地的高山、荒原，乃至深海中积极寻觅和挖掘“身怀绝技”的微生物物种。期望经过时间的沉淀，这些微小的生物，可以在未来的某一天，大放异彩。

古往今来，人类驯化动物、植物与微生物，就是文明不断进步的历程。一粒种子就是一个世界。人们发现种子、保存种子、利用种子，一个个萌芽种子就这样不断催生现代农业和现代社会的发展。

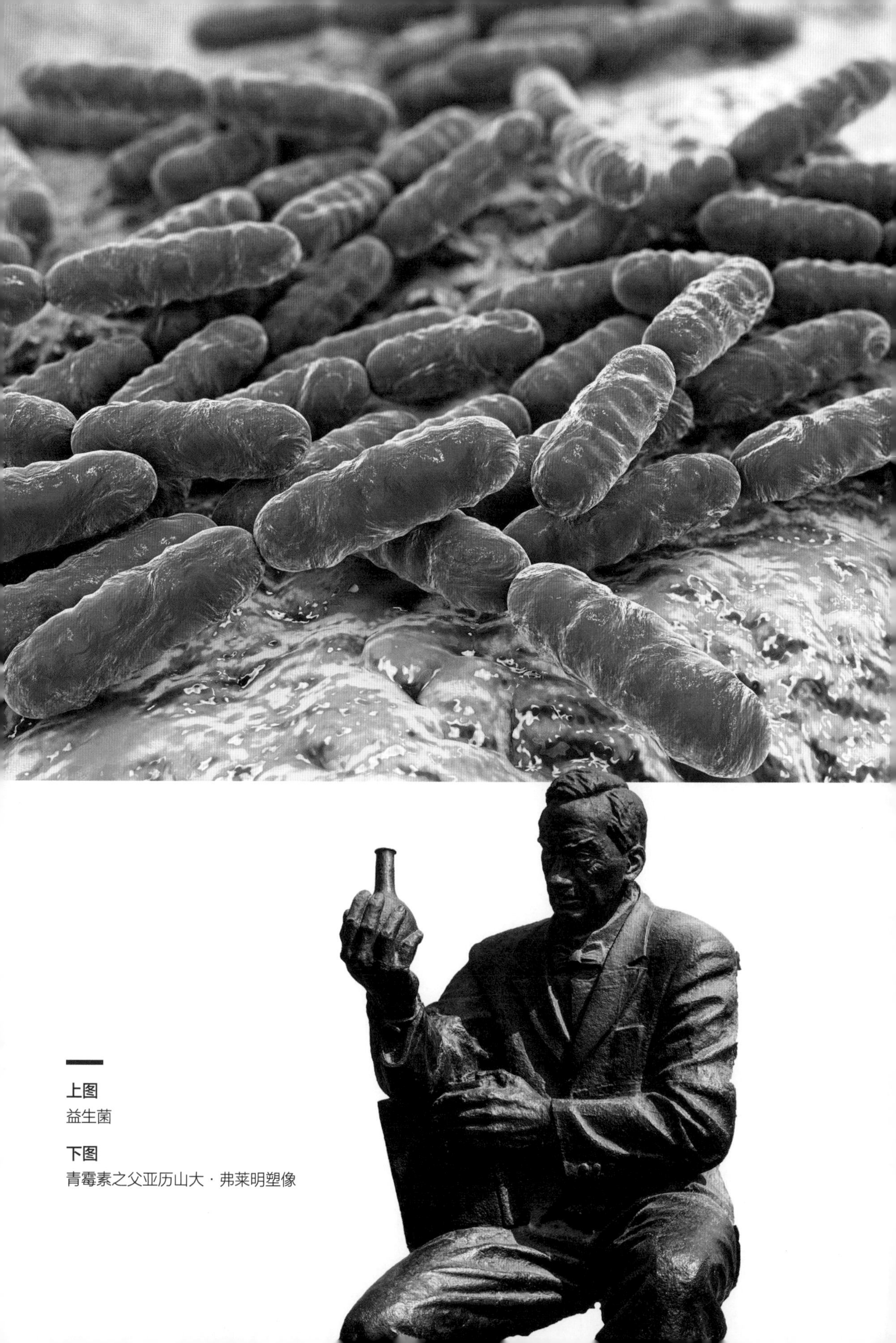

上图
益生菌

下图
青霉素之父亚历山大 · 弗莱明塑像

第二章

更多
更好
更强大

通过长期本能的摸索与经验的总结，人类成功驯化了身边一个又一个宝贵物种，为人类文明的快速发展奠定了基础。

进入 19 世纪后，科学家开始深入探究生物育种的规律和原理，发现了基因与表型的紧密关系，遗传学也由此诞生。

人们不再满足于过去那种仅凭直觉的、缓慢低效的种子选育方式，而是在物理、化学、生命科学，乃至航空航天技术的帮助下，拥有了多种多样的育种方式。杂交育种、倍性育种、诱变育种、基因工程育种等多种方法，为提升作物优良性状按下了快进键。

许多重要的农业物种在人们的辛勤培育下，开始展现出更为强大的生命力，产量更多、生长更快、品质更优秀。

与此同时，生物种质资源的挖掘、开发与保护，也得到了前所未有的重视。

种质库一角

01 进击的玉米

玉米的祖先是大刍草。大刍草外形和玉米相差较大，分枝多，籽粒细小坚硬。7000年前，中美洲的古印第安人在丛林中发现了它。在中美洲原住民的不懈努力下，玉米在过去的几千年里不断进化，出现了各式各样的新类型，并随着远洋船走向世界各地。

进入现代以后，玉米的育种已经由原来的凭肉眼寻找天然突变留种，转变为人工主动干预的杂交育种。

玉米生长过程

现代玉米育种

如何利用杂交育种技术，人工帮助玉米“成亲”？观察一株生长中期的玉米，你会发现：它的顶端长有几簇细细的花穗，这是它的雄穗，开花时上面布满了玉米的花粉；而在玉米的“腰部”——叶腋处，会长出一把茂密的“胡须”，这些就是它的雌花花柱。在风的吹动下，花粉从雄穗上飘散，与雌花们结合，完成受精，再发育成一颗颗玉米粒。假如是同一株玉米的花粉与自己的雌花结合，就属于自交；假如把一株玉米的花粉，传授到另一株与它遗传背景完全不同的玉米雌花上，属于异花授粉，不同群体间异花授粉就产生了“杂交玉米”。这些杂交玉米的后代会发生性状分离——有的特性随“爷爷”，有的随“奶奶”，有的随“爹妈”，还有的谁也不像，从中经过多代人工挑选并“择优录取”，就能育成优质又稳定的新品种玉米。

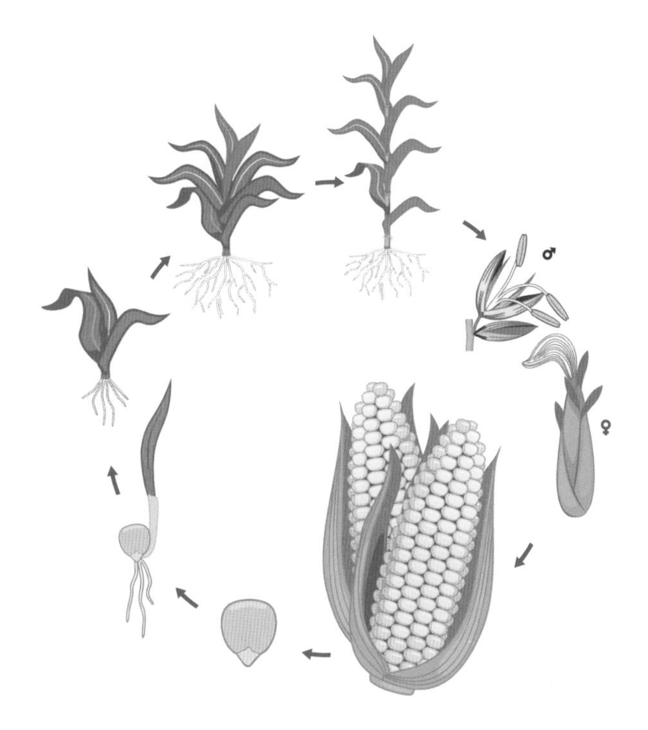

玉米生长周期图

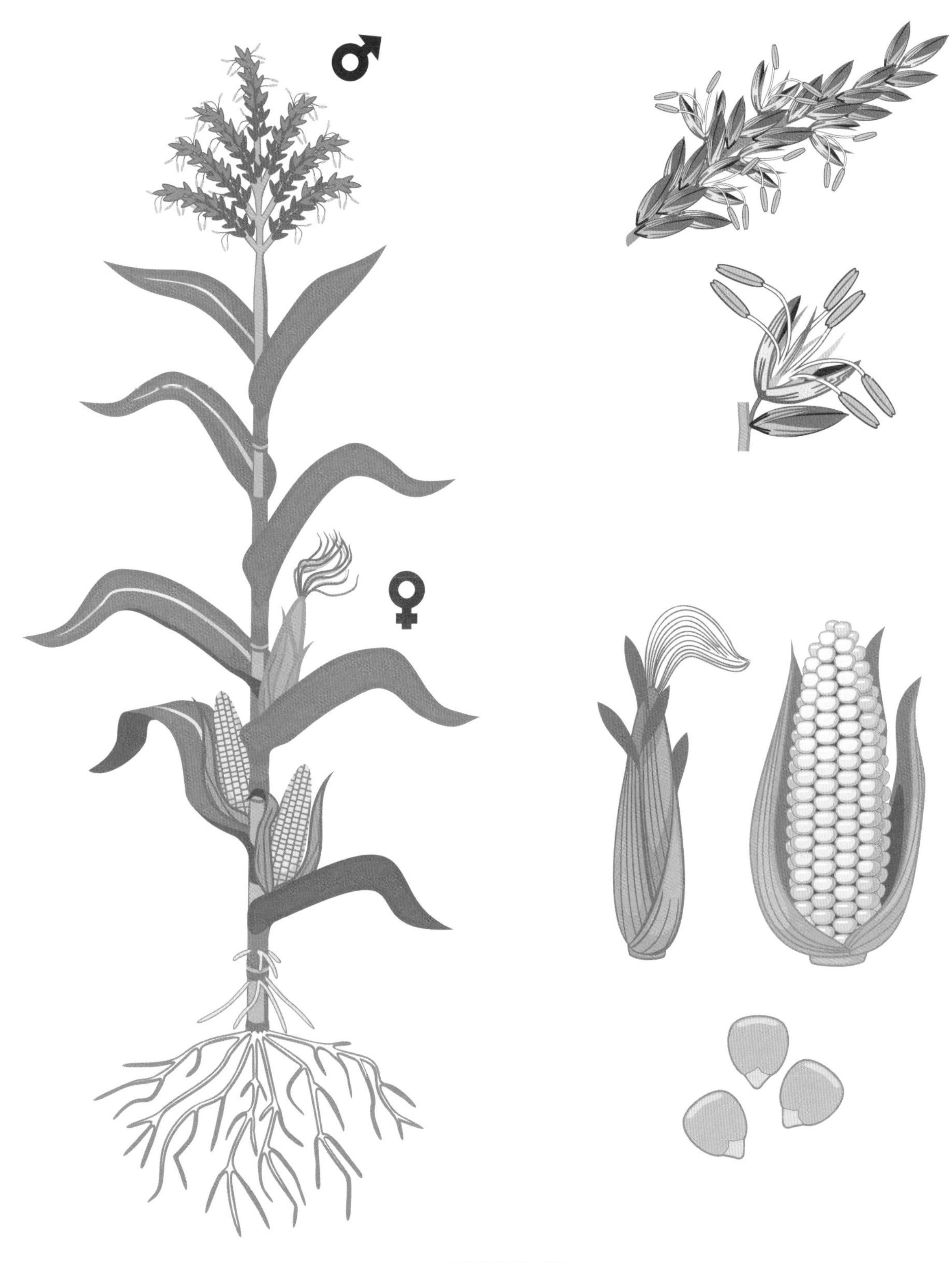

玉米植株构成图

通过这种杂交选育获得的第一个明星品种，是一种“马齿玉米”（这类玉米的籽粒表面有一小块凹陷，形似马的牙齿）——瑞德黄马牙（Reid’s Yellow Dent）。它是由美国农民詹姆斯·瑞德（James L. Reid）花了近 40 年培育出来的。

瑞德黄马牙以其突出的高产、适应性强的特性，碾压了当时各类品质参差不齐的玉米品种，在 1893 年世界博览会获奖，并一举走红全球，成为后来众多杂交玉米品种的“祖爷爷”。

而有了像瑞德黄马牙、兰卡斯特等优秀的现代杂交玉米始祖，人们就有机会培育出更多的杂交玉米了。理论上讲，杂交后代会继承父母双方的优点，性状表现更好（也就是“杂种优势”）。但在杂交玉米的具体实践过程中，可能还得再多走点弯路。比如早期人们发现只用 A×B 或 D×E 单独杂交一次（单交），它们的杂交后代 C 与 F 表现都不太令人满意，产量也不行。但如果再让子代的 C 与 F 再“成亲”得到孙代 G（双交），效果可能就更加理想。育种专家们通过灵活运用“自交”“单交”和“双交”的方式，获得了不少高产的玉米新品种。

杂交玉米技术可被视为近代农业中最早的颠覆性技术之一，使玉米产量有了大幅度的增长，因极具商业价值并迅速得到推广。世界上第一批种子公司也借着杂交玉米的“东风”站稳脚跟，逐渐蓬勃发展为一类极其重要的科技服务行业。

种子公司全权包揽了复杂的育种和制种工作，农民可以直接购买喜欢的品种来种植，不必再花费大量心血去亲自留种育种。国家有了商业化的种子公司，也更方便其他国家或地区前来“引种”。

马齿玉米

玉米育种基地

种质资源对于玉米遗传育种的作用是无价的。没有种质资源，就不可能选育出更好的玉米杂交品种。500年前，玉米传入中国。由于中国不是玉米的第一故乡，就需要依赖从国外引种来改良玉米。国内地方品种、国外自交系和杂交种及群体形成了中国玉米种质的三大来源。如今，玉米已是全国的第一大粮食作物。历经数百年自然选择和人工选择过程，已经发展出了一些“入乡随俗”的国内地方品种，比如“糯玉米”就是在中国本土率先选育出来的。

进入20世纪之后，中国开始对玉米进行杂交育种。20年代起，育种家们从美国带回了42个双交种和50多个自交系，利用本地品种和引入品种相继育成了一批有价值的玉米新品种，例如“696”“华农”1号和“华农”2号等。随着60年代“新单”1号的出现，中国玉米育种步入了高产的单交种时代。后面涌现出如“中单”2号“丹玉13”“掖单13”“郑单958”等代表性品种。特别是“郑单958”产量高、抗逆性强、籽粒品质好，从2004年以后就一直位居全国种植面积榜首，推广面积之大、时间之长，在作物品种历史上都很少见。

在玉米育种的同时，还需要进行制种。制种就是生产那些已经培育成功的种子。中国最大的玉米制种基地位于甘肃张掖。每年7月是玉米制种最关键的一个环节——去雄。去雄就是在玉米的母本抽穗前，将母本的雄穗去除，防止玉米自交，以保证杂交种子的纯度。

种子纯度是杂交种子质量中最为重要的指标，倘若去雄过程中检查累计散粉株率超过1%，制种田只能报废。

选育优质的玉米种质资源

传统的去雄环节完全依靠人工完成，在今天的张掖基地，有时为了确保万无一失，还会启用无人机扫描定位进行复查。但是，人工去雄不仅费时费力，还增加了生产成本，机械化去雄是未来的必然趋势。2017 年，中国国审全机械化的玉米品种开始入市，不仅打破了机械化生产领域国外品种垄断的局面，还比同类型品种增产 8% ~ 10%。利用自动化去雄机，根据制种地的播种距离调整好宽度，前端的红外电子眼能识别作物高度，自动调整作业位置。1 台机器 1 天可以为 250 亩玉米地去雄，抵得上 20 多人 10 天的工作量。

过去的千百年来，玉米一路进击跻身全球三大主粮之列。今天，玉米仍然有着巨大的

开发空间——玉米本身具有十分丰富的种质资源，就像一个巨大的宝藏，等待着育种家们开采。即便是玉米育种水平领先的美国，目前已利用的玉米种质尚不及总资源量的 5%。

中国非常重视对于玉米种质资源的挖掘。2017 年，中国中信集团收购了陶氏巴西的玉米种子业务，组建了隆平巴西公司。隆平巴西的玉米种质库中拥有 5 万多份种质资源，这些来自原产地的种质资源，携带着稀缺的遗传特性，将成为最新的育种材料。我们有理由相信，未来培育玉米新品种的希望，或许就诞生在它们中间。

你知道玉米为什么要去雄吗？

机械化玉米去雄

国外实验室的科研人员会从他们的种质库中挑选优质玉米种质资源运往中国进行国际合作。但种子入关可能比人入关还难，需要经历最严苛的检疫。

每一个境外新品种都隐含着潜在的风险，它可能携带病菌、杂草等有害生物，一旦造成外来生物入侵，后果是灾难性的。

在三亚海关，检疫人员要抽取样品，封装后送到实验室，这是初步的筛查。更重要的环节在于隔离种植。在机场附近的隔离苗圃，每一份种子都将在这里封闭试种一个生长周期。从种子入土到玉米成熟，4 个月的时间里，海关的工作人员定期对玉米进行抽检。等隔离检疫结束之后，确定没有问题，会出具相关的单证，检疫周期才算正式完成。

4 个月后，远渡重洋的玉米种子终于通过检疫，来到了南宁隆平高科的实验站。试验田分成两大区域——扩繁区和组配区。让巴西玉米授粉自交，扩繁区的目的是扩充纯正种子的数量。为每一株巴西玉米授粉自交，繁育出特性完全相同的后代。一粒种子结成一根玉米，也就意味着复制出了几百粒后代，充足的数量保证了科研的延续性。组配区是培育杂交品种。让巴西玉米和中国玉米杂交，一旦优势基因重组，就可能诞生高质量的杂交品种。

隆平巴西公司

不同的种子经过仔细对比、记录之后，会被装入纱袋运到二层晾台。把含水率晾晒到13%左右，这是保存种子的最佳状态。研究员记录每一份种子的果粒数量、性状，拍照存档，确保日后可以随时追溯它的祖辈血缘。

从种子入关，到收获新一代的种子，已经过去了整整一年，但这仅仅是一个开始。

科学家的育种要经历更长的过程。这些杂合了新基因的新种子是否具有出色的商品品质，还有待于一次又一次的试验种植和选择。

最终的答案，需要5～8年甚至更长的时间去证明。

玉米的雄花

变形金刚在玉米地里大显神功

你知道吗？种子入关竟然比人入关还难？

02 杂交水稻有多厉害

与玉米一样，水稻的成长之路也始于漫长的驯化，它历经多次成长的蜕变，现今进入了杂交育种的高速公路。中国作为水稻最大的生产及消费国和水稻的起源地，也为水稻育种写下浓墨重彩的一笔。

20世纪20年代末，中国开始尝试水稻杂交育种。当时的水稻品种存在一个普遍的问题，就是“高秆”。对于人来说，个子高是个引人注目的优点，但对于水稻来说，长得太高就会变成缺点——想让水稻长势更好就得加水追肥，而高秆品种在较高水肥条件下会变得“头重脚轻”，非常容易倒伏。整片趴窝的水稻会造成减产，这一劣势扼住了水稻高产的咽喉。

所幸，在育种家们的努力下，水稻的命运有了第一次扭转。20世纪50年代末，广东省农科院黄耀祥团队利用广西农家品种选育出“矮仔占”4号，此后，水稻育种进入矮秆时代。矮秆水稻为增产打下了基础，它与矮秆小麦一起，带动了一场轰轰烈烈的农业“绿色革命”，也使当时的人口得以快速增长。

右页上图
水稻育种田

右页下图
倒伏的水稻

解决了“高秆”的难题，杂交水稻的高产之路就该一帆风顺了吧？但实际上并没有。当时的水稻身上还存在一个育种的难点。水稻属于自花授粉作物，雌花雄花天生“同居一室”，自身就能完成受精过程。它不像玉米那样雌雄花“分居”，能简单粗暴地剪掉雄花，人为给它们“包办婚姻”。所以水稻的常规杂交育种就极其费眼和费手，需要依赖人工从花簇里找到雄蕊将其小心去除，来阻止它们与雌蕊“约会”。但在实际操作过程中，稍不留神就会留下“漏网之鱼”。不知道是不是因为这个原因，当时的不少科学家甚至觉得水稻这种自花授粉的作物，根本不存在杂种优势。

但这个难点很快被中国“杂交水稻之父”袁隆平攻克了。1961 年 7 月的一天，袁隆平正在农校试验田里工作，“慧眼识稻”的他发现一株穗大、籽粒饱满的优质稻株，推算这个稻株的产量可以增产一倍，于是第二年立刻就播种下 1000 多株。当这些禾苗长大后，袁隆平得到了一个坏消息和一个好消息。

左页上图

袁隆平在农校试验田里工作

左页中图及下图

水稻人工去雄

水稻也会谈恋爱，自由恋爱和相亲配对，你支持哪种?

坏消息是，这片禾苗抽穗或早或晚、茎秆或高或低，说“长残了”也不足为过。但好消息是，这些参差不齐的现象指向了一个答案：水稻是存在杂种优势的！而且，眼前的这片禾苗很可能属于天然“雄性不育”水稻的后代，不能自花授粉，所以才会在风媒的作用下和其他水稻的花粉产生杂交，后代出现各种“隔壁家水稻”的模样。

水稻花
|李玉博　绘|

这种天然“雄性不育”的特性对于作物杂交育种来说具有非常大的利用价值，由于它们失去了自交的能力，就能够更方便地对其进行人工杂交育种，将育种学家从繁重的人工去雄工作里解放出来。接下来，袁隆平和他的团队就将工作重点放在了寻找“雄性不育”水稻上。不过，即使是雄性不育也会有不同情况，比如一种是细胞核里基因组基因突变造成的“细胞核不育”。袁隆平团队一开始发现的6株雄性不育株都属于“核不育”，受限于当时的科技水平，这种雄性不育水稻暂时无法利用（它们的后代难以通过常规手段保留不育的性状）。袁隆平不得不将目光投向另一种更为少见的雄性不育株——细胞质不育株。如果说细胞核不育是“爹妈双方”的不育，那么细胞质不育可以理解为“随妈”的不育特性（由细胞质中的线粒体基因突变引起），这类不育株的特性是可以遗传的。

水稻植株
|李玉博　绘|

终于，功夫不负有心人，1970 年，袁隆平的助手李必湖与技术员冯克珊一起，在海南农场的一个水沟旁发现了那株著名的细胞质不育水稻——“野败”。在它的助力下，中国成为世界上第一个实现“三系杂交”水稻商业化的国家。

所谓的“三系”，就是需要三批水稻配合来实现。第一批就是“野败”这样的“不育系”，它没有花粉，方便人们进行杂交操作，但它也没有后代，留不下自己的种子，今年杂交用完了，明年就没了，也不能再去满世界找。于是，就需要第二批特殊的水稻，这种水稻自己可以正常地繁育后代，同时，让它和不育系杂交，产生的后代又可以保持不育，这种特殊的水稻就是“保持系”。有了保持系就能大量地生产出不育的水稻。接下来还需要一批“恢复系”，它们是正常水稻，与不育系水稻杂交后，就能培育出各种杂交品种，而且这些杂交品种能恢复生育能力，正常长出稻谷。运用这三批水稻互相配合，就能够培育出高产、高抗的水稻品种了，例如当时集高产抗病适应性广于一身的“汕优 63”就是利用三系法培育获得的，产量突破 500 千克，年推广面积达 1 亿亩。

三系杂交离不开恢复系的不断“解锁”，但自然界中拥有这种解锁技能的水稻品种并不常见，这就限制了优质种质资源的利用。此外，三系杂交稻还存在育种周期长、操作烦琐等限制。而随着两系杂交的问世，水稻杂交育种过程就变得更加简易了。

水稻种子
| 李玉博　绘 |

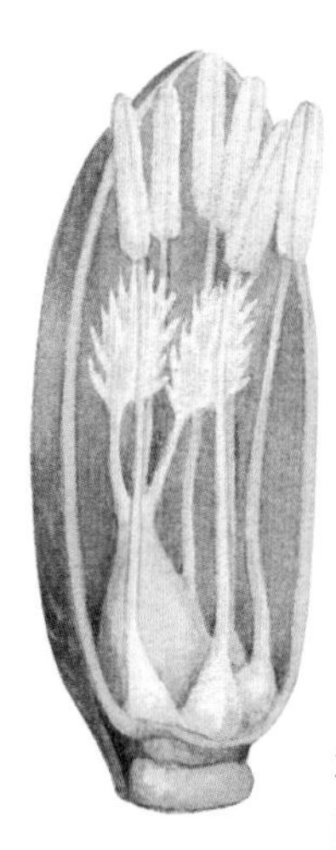

水稻花（剖面）
| 李玉博　绘 |

1973 年，育种专家石明松在湖北大田中发现 3 株雄性不育株，他先按照三系杂交技术选育不育系，但一开始就失败了。因为这些水稻出现了一种奇怪的现象：随着 9 月天气转凉，原本雄性不育的水稻抽穗后又变得可育了。石明松对这个现象高度关注，他在做了大量试验后，确信这是一种对光照和温度敏感的水稻品种，并据此提出了一个全新的设想：在长日高温下制种，在短日低温下繁殖，一系两用，由此敲开了两系法杂交水稻育种技术的大门。

随着分子育种技术手段的不断发展，之前被搁置的“隐性核不育系”，也开始重焕光彩。2010 年，育种家们结合转基因技术，将水稻的杂交体系升级到第三代。他们将携带能解锁水稻生育力的“钥匙基因”、夺走生育能力的“花粉失活基因”和用于区分前两种基因的“标记基因”穿成一串，一起转入不育株中，待其长成之后就可以根据各自的标记快速分离出不育系和保持系了。比如可以用红色荧光基因充当保持系的“标记”，长出的稻穗上能发红光的稻粒就是保持系，不发光的就是不育系。不同于之前的“质不育”与“光敏温敏不育”，隐性核不育系不会受外界任何风吹草动的影响，能为杂交育种提供一个非常稳定可靠的母本，这样就极大地提高了杂交种子的纯度。

两系法成为中国首创的水稻育种方法，其中的光敏温敏株可以分身两角扮演“不育系”和“保持系”，克服了三系法中可用种质资源受限的短板。但是，两系法还是有着难以克服的缺陷，比如气候环境的变幻莫测，农田中的两系杂交稻可能趁着变天就偷偷自交，无法做到百分百的雄性不育，杂交种子纯度就不够高，进而影响杂交水稻产量。所以，育种学家们仍没有停下探索的脚步。

在沿海滩涂及内陆盐碱地上种植水稻

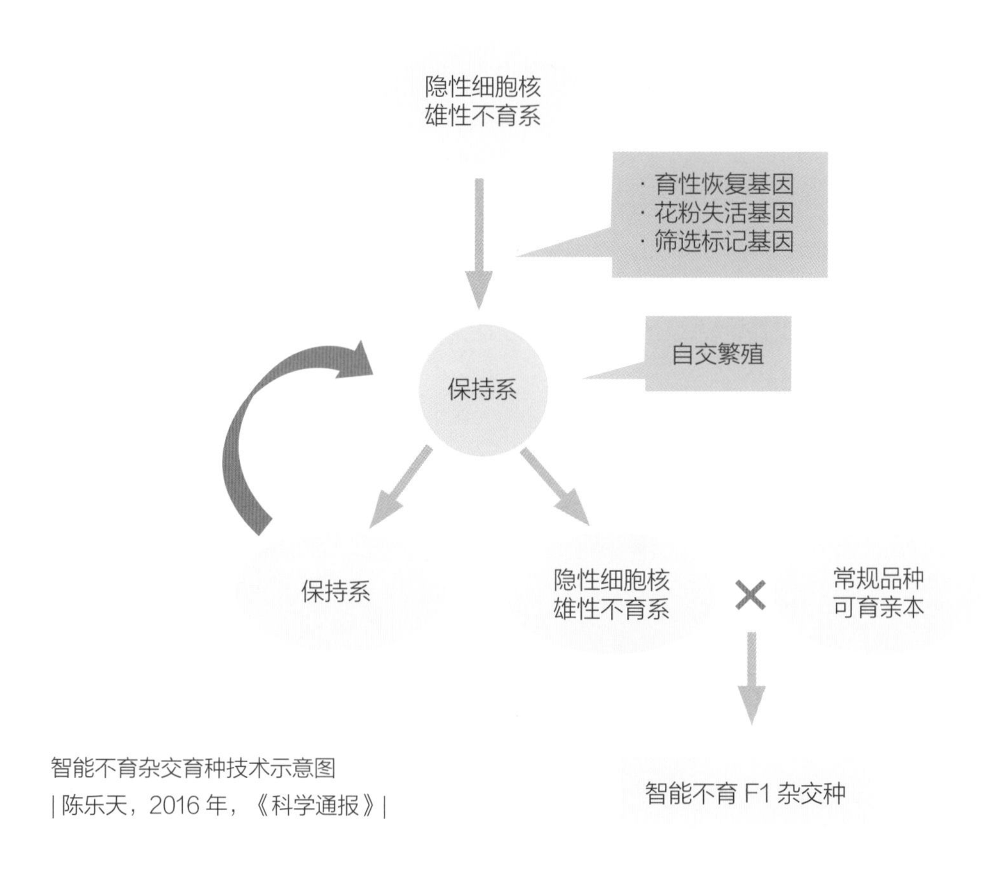

智能不育杂交育种技术示意图
| 陈乐天，2016 年，《科学通报》|

不断迭代的杂交技术，最终是为了获得优质性状的品种，或高产或质优或抗逆，以造福民生。比如袁隆平籼型杂交水稻的成功发明，使亩产比常规水稻增产 20% 以上。到今天已经实现百亩连片示范点，亩产突破 1114.8 千克。籼型两系杂交稻“徽两优丝苗”凭借“三佳”——抗倒伏能力佳、稻米口感佳和综合抗病能力佳，在种子市场走俏。2017—2019 年，累计销售种子突破 1600 吨，创造产值超 7200 万元。北京大学刘春明团队，通过诱变和杂交技术，在水稻中导入了加厚的糊粉层的特质，还保留了紫米微糯的性状，创制了“中紫一号”新型高营养紫米品种。此外中国还培育了类似海水稻这样的高抗逆性水稻，它具有较强的耐盐碱能力，可以在沿海滩涂及内陆盐碱地上进行种植。在江苏如东就有一片海水稻试验示范种植基地，其土壤含盐量为千分之二至千分之六，普通水稻无法生长。试种耐盐水稻如“创优丝苗”等品种后，其产量较高，迎合尝鲜的消费群体，让当地老百姓获得了实实在在的收益。

育种的努力仍在继续，在东北，北大荒垦丰种业股份有限公司的育种专家徐希德正在尝试将冷水注入试验田，营造冰寒环境，让正在灌浆的水稻连续十天经受临界温度以下的低温冻害，希望以此培育出最耐冷的水稻新品种，以期改善一旦发生冷害即减产 20% ~ 60% 的局面。

除了育种，水稻的制种也在同时进行。制种已经成为一个全新的高科技产业，它改变了过去农民自留种的传统方式。这是农业生产中准工业化进程的体现。

海水也能种水稻？我忽然有了个不得了的想法……

右页图

水稻制种业正蓬勃发展

四川是国家级三大制种基地之一。这里种的庄稼，不是为了吃，而是为了做种子。每年春天，这里培育的水稻种子经过层层处理，育成秧苗，然后移栽到28万亩基地大田。在全国，有近千万亩这样的制种田。今天，在四川、甘肃、海南三大国家级育种制种基地，分布着52个制种大县、100个区域性良种繁育基地，共同构建起中国种业的核心生产格局。年复一年，来自这些地方的优良品种供应着全国70%以上农作物的用种需求。它们是亿万农民丰收的保障，是国家粮食安全最坚实的根基。

1994年，担任过美国农业部政策顾问的莱斯特·布朗曾预言，中国在2030年将会面临严重的粮食问题，“不仅中国养活不了自己，世界也不能养活中国”。但事实上，中国用占世界9%的耕地养活了世界近20%的人口，中国的水稻科技成就不但养活了中国人，也为世界消除饥饿和贫困作出了卓越贡献。

海南制种基地

四川天府现代种业园

粮食界的“黄埔军校”——供应全国 70% 以上农作物需求

03 虫口夺粮

俗话说，“人是铁饭是钢，一顿不吃饿得慌”。这个道理不止人知道，昆虫们也清楚。人类的田地，同样是虫子的天堂。自打人类种植粮食作物以来，虫害一直都是个难以规避的问题。比如对于水稻种植大户的中国来说，“稻飞虱”就是令农民无比头疼的麻烦。

稻飞虱

稻飞虱是对水稻最具破坏性的一支昆虫大军，对水稻情有独钟。稻飞虱主要有褐飞虱（*Nilaparvata lugens*）和白背飞虱（*Sogatella furcifera*）两大主力军，它们能联合起来一起祸害水稻。白背飞虱的进攻对象是生育前期的早稻，而褐飞虱则以中晚稻为侵袭目标。

草状丛矮病、齿叶矮缩病、水稻矮缩病等多种水稻病害

你听说过水稻也有保姆吗?

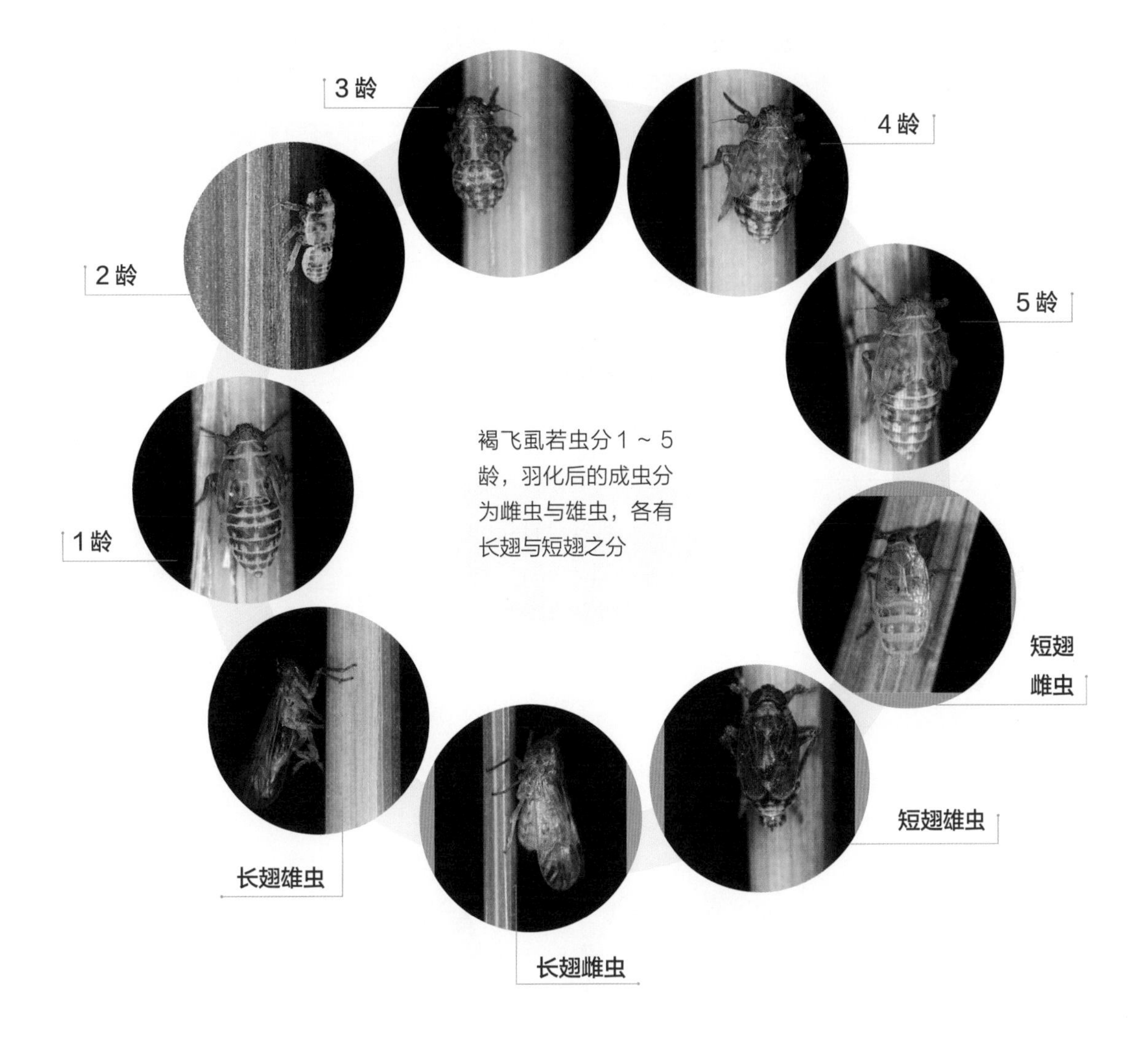

飞虱喜欢群居在稻茎上，用尖尖的口器刺穿水稻表皮，吸取里面的汁液。它们不仅会榨水稻的汁，还会给水稻“下毒”，把草状丛矮病、齿叶矮缩病、水稻矮缩病等多种病毒传播给水稻。水稻在营养不良和病毒入侵的双重打击下，往往会变黄、干枯直至死亡，导致粮食减产甚至绝收。2005—2006 年的稻飞虱大爆发，使中国约三分之一（超过 1000 万公顷）的水稻遭到毁灭性破坏。

飞虱们的成虫都有短翅膀和长翅膀两种款式，能根据营养状况灵活应变。短翅膀的稻飞虱是居家型，不太喜欢大范围活动，但是繁殖能力强，属于“又宅又能生”。长翅膀的稻飞虱则是天生爱闯荡，骨子里刻着远距离迁飞的习性。

有了这个便利的特点，稻飞虱军团就可以制订狡猾的偷粮计划。比如褐飞虱怕冷，无法在温带地区过冬繁殖，就长期以东南亚地区为根据地。当这些地区生存环境不好的时候，它们就会派出长翅小分队，北上前往中国的云南、海南、广东、福建等地区的稻田里大快朵颐。吃饱喝足了，再返回南方水田孕育出繁殖能力强的短翅后代。等下一次南方环境恶化，再派出长翅小分队北上偷粮保存实力……如此往复。

那么，人类如何保护水稻，抵御这些讨厌的褐飞虱呢？

一开始，人们想到的主要是喷施农药或诱捕。但杀虫剂的过度使用，影响了作物生态系统。没被杀死的飞虱，它们的后代也有了耐药性，第二年再卷土重来，只能用更强的杀虫剂。这样的恶性循环，反而导致了飞虱的屡次大爆发，而且大量农药残留也会给稻谷的食品安全埋下隐患。

所以，加强生态防控，同时提高水稻自身抵抗力才是王道。

时间到了 9 月，在湖南的水稻大棚试验田里，隆平高科水稻首席专家杨远柱密切观测着一场攻防大战。种下 10 天的秧苗正进入快速生长期，进攻方就是稻飞虱，虽然只有

三四毫米大小，但是对水稻最具破坏性。它们是杨远柱从海南带回长沙后经过专门培养的，目的便是测试秧苗的抗虫性。防守方也不是普通的水稻，而是1000份精心培育的抗虫品种。一周之后，就可以看到水稻的战果了。

一周后，有的水稻已经奄奄一息，有的则依旧精神焕发。胜出的水稻品种共计650份，它们会被送往育种基地海南三亚进行进一步配种研究，为产生抗稻飞虱、高产、品质佳的水稻提供优良的抗虫种质资源。由隆平高科培育的杂交稻新品种“玮两优7713”，已连续两年在区域试验表现出抗褐飞虱的特性。

那么水稻是如何防御稻飞虱的进攻的呢?

决胜的关键，就在水稻自身的基因里。目前，科学家们已经陆续找到了六个能抵抗稻飞虱的基因，它们要么可以通过影响茎秆中木质素的含量，来增加物理防御；要么就是通过影响水稻中水杨酸的含量，来进行生化防御。知道水稻的防御方法，就能利用这些防御物质反过来寻找对稻飞虱有更强抵抗作用的基因。目前，已有许多抗虫品种正准备奔赴这场虫口夺食的战役。

无人飞机喷洒农药

觊觎水稻的除了稻飞虱，还有鳞翅目螟蛾科的二化螟（*Chilo suppressalis*）、稻纵卷叶螟（*Cnaphalocrocis medinalis*）等害虫。二化螟有个“钻心虫”的绰号，会导致稻苗枯心；稻纵卷叶螟，顾名思义，是能导致稻苗叶片卷曲的虫子。它通过啃食叶片的叶肉，把叶片卷成“饺子皮”，阻碍水稻光合作用从而导致水稻减产。对此，要依靠专业的农艺师对稻田进行科学管理，将虫害扼杀在摇篮中。

如今，不仅在培育水稻品种上要讲究科学，在种植水稻上，也不再只是凭经验，而是有了专门的“水稻保姆”。

湖北枝江的种田能手就开始采用当地的农业托管服务。农户们坐在家里，打开手机上的MAP智能应用程序（APP）就能看到自家水稻的长势，还能查询到打药、施肥等信息。同时，中化MAP枝江技术服务中心的农艺师们则从智能软件显示的卫星遥感图上监控水稻种植生长中的异常。

水稻螟虫

经过专业“水稻保姆”的精心照料，科学合理地给水、给药、给肥，一个种植季下来，每亩可以多收59.5千克、增产154元，增产了10%，这让农民们感受到了科学种田带来的实实在在的好处。目前，湖北枝江100个村的1.2万农户、近20万亩稻田，享受到了从种到收“一条龙”式的专业种植“保姆”服务。

向水稻田里扔小虫子！这个专家要干什么？

左页图

稻飞虱感染后，与周围易感株形成鲜明对比的坚挺发绿的褐飞虱抗性水稻

04 坚韧的大豆

大豆含有丰富的油脂和蛋白质，是当今世界一种非常重要的粮食和油料作物。大豆的故乡原本就是中国，能有今天的功成名就，也与中国本地的物种资源密不可分。

大豆，古称“菽”，是“五谷”之一。黄淮流域的野生大豆，历经五千多年的驯化，逐渐形成了人工栽培大豆。《诗经·大雅·生民》中，“蓺之荏菽，荏菽旆旆”展现的是播种后蓬勃生长的大豆；“中原有菽，庶民采之”是收获季节里采收大豆的情景；《齐民要术》则记载了豆豉和豆酱的制作流程。美食家苏轼更是在《物类相感志》记载了大豆在民间的吃法：“豆油煎豆腐，有味”……足见大豆早已融入中国人民的生活之中。

随着中国与世界的往来，大豆开启了世界之旅。先是传入邻近的日本、菲律宾、印度等国，随后被欧洲植物学家精心选育并大量推广。1873 年，大豆在维也纳的万国博览会上展出，立即走红全球。

未成熟的大豆

成熟的大豆

进入 20 世纪，美国高度重视大豆的经济价值，开始不断引入大豆新品种进行育种改良，让大豆有了空前的发展。直到 20 世纪中叶，中国一直是全球大豆产量最高的国家。但 1954 年后，美国后来居上赶超中国，变成世界最大的大豆生产国。

但没等美国坐稳冠军宝座，一场可怕的灾难就降临了。就在 1954 年，一场胞囊线虫病席卷美国 14 个州的大豆种植区，造成严重减产，威胁到整个大豆产业。

大豆和豆荚
|李玉博　绘|

由于大豆胞囊线虫耐受力强，能在土壤环境中长期存活，几乎无法杀灭。寻找新的抗病品种成为大豆产业的“救命稻草”。美国的学者们在3000多份种质资源中竭力搜寻治病良方，历时三年，终于在一个从中国采集到的独特地方品种——北京小黑豆（Pecking）中找到了希望。这种豆里含有抵抗胞囊线虫的关键基因，可将其用于培育抗病品种。十年后，第一个抗胞囊线虫的大豆品种开始推广，终于让美国大豆产业起死回生。

为什么北京小黑豆可以抵御大豆胞囊线虫的入侵？这要从大豆胞囊线虫破坏大豆的方式说起。大豆胞囊线虫的幼虫，会钻进普通大豆植株的根里。它们吸取大豆根部营养的同时，还会“诱惑”大豆帮它盖一个“粮仓”（合胞体），然后就可以安心躲在里面大口吃喝，直到长成成虫。这些线虫完全依赖于“粮仓”存活，离开“粮仓”就会死亡。

而北京小黑豆的厉害之处就在于能够主动破坏“粮仓”，不给线虫发展壮大的机会。目前，全世界育成的抗大豆胞囊线虫大豆品种的抗原几乎都出自北京小黑豆。

绿油油的大豆田

20世纪70年代末，巴西利用源自中国或日本的大豆品种，培育出适应高温短日照的“热带大豆”，促使巴西大豆种植移向中部。巴西继而成为世界上第一个在低纬度地区大面积种植大豆的国家，种植面积和产量于1974年首次超过了中国，逐渐成为全球第二大的大豆生产国。

21世纪，伴随分子生物技术在育种中的应用，美国的大豆生产迈进全新阶段。1996年，美国抗草甘膦转基因大豆进行商业化生产，进一步提升了大豆的产量，迅速得到推广。现今美国本土有95%的大豆品种均为转基因品种。2016年，阿根廷引种美国转基因大豆品种，产量占到世界大豆总产量的近五分之一，坐上大豆生产国第三位，中国则落到了第四位。

如今，中国已经从最早的大豆生产国和出口国，转为了大豆进口国。中国大豆产业面临着大豆耕地面积减少和大豆亩产增速缓慢的困境，目前80%的大豆需要从国外进口。而贸易战的爆发和大豆定价权的丧失，使得中国大豆粮食安全面临极大挑战。

大豆花的人工授粉，没几个人有这耐心！

上图
巴西的大豆

下图
美国的大豆

应对这样的困境，一方面是要尽量扩大耕地面积，通过培育抗逆品种把盐碱、滩涂、寒区和旱区的土地利用起来；另一方面，就是通过改良品种解决单产低的问题，比如培育豆荚和豆粒双高的高产大豆。而实现的方法，就藏在了基因多样性的野生大豆中。这些野生种因为产量低、籽粒小等缺点被农民抛弃，但殊不知，栽培品种越来越单一，在应对变化莫测的自然界挑战时，会面临着抵抗力逐渐减弱的巨大风险。为此，我们不仅要种植商品大豆，还要保护好野生大豆。

85岁高龄的中国工程院院士盖钧镒研究大豆60多年，被称为“大豆院士”，在南京农业大学主持着国家大豆改良中心的工作。现在，他依然奔波在田野乡间，时常要到大豆试验田进行查看，采集数据。在种植基地里，放眼望去，满是爬藤状的植株。走近看看，每个植株上生长着密密麻麻的豆荚。剥开豆荚，里面是芝麻大小的籽粒。这就是栽培大豆的祖先——野生大豆。野生大豆虽然豆粒很小，但适应性很强，盖钧镒院士的一项重要课题，就是找到野生大豆隐藏的优质基因，进行培育，让它的籽粒更大、产量更高。

在盖钧镒院士的资料室里，至今还保留着60多年前收集的大豆标本。这里有两万多份来自国内外的大豆种质资源，保留着上百册种质名录，这些最原始的记录，凝聚着科学家们近五十年的心血。十几年来，盖钧镒院士还带领团队从两万多份大豆资源中精心筛选出1900份。从实验室到试验田，不同的课题组带领着一批又一批的学生，反复种植、观测，记录下每一份资源最完整的性状特征。

与此同时，他还联合华大基因公司，对每一份资源进行深度基因测序，当精准的基因序列和大量的田间试验相结合，优质大豆的秘密终将被破解。

左页上图
盖钧镒院士对野生大豆进行保护性种植

左页中图
大豆标本

左页下图
种质名录

大豆院士破解基因密码

生物育种种出了高油大豆

国家大豆改良中心

在2021年的《国家重点保护野生植物名录》中，就包含野生稻、野生大豆等物种。现如今，在中国农科院里，保存有全世界最丰富的大豆种质资源，4.6万多份大豆种子的遗传信息被妥善保藏。一粒种子携带的基因，决定了它的产量和品质，谁能够破解基因的密码，谁就占领了育种的制高点。

中国科学院育种专家田志喜，正在带领团队挖掘大豆的耐盐碱特性。他给出了这样一组数字，在现有条件下，中国大豆亩产量即使翻番，自给率也只能从15%左右提升到30%，有限的耕地面积不可能给大豆太多的空间，但中国有1.85亿亩盐碱地，这给大豆增产带来了无限的想象空间。

更多的新品种还出现在北大荒垦丰种业的育种专家胡喜平的试验田里。他和团队利用生物育种技术，把审定的一个大豆品种油酸含量由常规大豆的20%左右提高到70%以上，油酸能够预防心脑血管疾病。像这样的功能性大豆，正是一些大豆产业发达的国家新的研发方向，胡喜平也锁定了未来有需求的品种，继续在这个方向上深耕。

一粒种子可以改变一个国家乃至世界，一项技术更是可以创造一个奇迹。相信会有更多更好的性状得到挖掘并利用，为中国大豆振兴带来希望。

05 温暖的棉花

“花开天下暖，花落天下寒。”此处的花，是天然纺织原料之首的棉花。不过，棉花虽然带了一个“花”字，其实却与花无缘。它是棉籽表皮毛形成的纤维。正是这些纤维，赋予了棉织品吸湿、透气、保暖、穿着舒适、不带静电等优点。5000多年前，来自印度次大陆某个河谷的一位农民发现了这个奥秘——灌木上那白花花的一团一团纤维竟然可以纺线！他高兴地告知了左邻右舍，请大家有“棉”同享。于是，棉花的名声不断壮大。

天然纺织原料之首——棉花

棉花的发源地囊括了美洲、大洋洲、非洲和亚洲。在其御寒天赋的加持下，历经长期驯化，诞生出了四大栽培种的棉花“家族精英”。它们分别是亚洲棉（*G.arboreum*）、非洲棉（*G.herbaceum*）、陆地棉（*G.hirsutum*）和海岛棉（*G.barbadense*）。

中国虽然不是棉花的发源地，原先亦无棉花出产，但是凭借着适宜的气候条件，还是吸引到棉花先后来落户：先是亚洲棉在2000多年前的汉朝时期经缅甸、越南，传入中国海南岛和两广、云贵地区，然后逐渐北上至长江、黄河流域，直至辽河流域，在长期栽培过程中，产生了许多优良品种和多种变异类型，从而形成了著名的中棉种系。而后是非洲棉（亦称草棉）很快赶上，路经西亚，在南北朝时期传入新疆、河西走廊一带。

这两种棉花都有耐旱耐瘠、抗逆性强的顽强品质，美中不足是产量较低，纤维较短（长度只有15～25毫米），但较粗，强力又大又好，十分适合手工纺织，也宜与羊毛混纺或混织地毯等，还适宜作絮棉，在历史上发挥过重大作用。

传统手工纺织

时光飞逝，1764年的珍妮纺织机开启了工业革命浪潮，作为前浪的手工纺织即将被拍在沙滩上。此时，中国的棉花产业急需新成员加入，要想棉布质量好，纤维长度少不了。源自中美洲的陆地棉，拥有21～33毫米飘逸的长纤维，正是不二之选。陆地棉在1865年“应邀”来到了中国上海并成功定居。

陆地棉凭借其高产和良好的适应性一度占据全球棉花种植面积的95%，但人们并不满足于此。大家对于纤维长度的追求，只有更长，没有最长，总之就是越长越好。这时候就轮到海岛棉出场了，它凭借33～45毫米的纤维长度，且细度细，强力高，品质最为优良，因而笑傲“江湖”。

棉无完棉，海岛棉也有缺点，它对环境适应能力不强。幸好，中国地域辽阔，总有适合海岛棉的环境。20世纪50年代，苏联一年生海岛棉在新疆成功扎根定居了。新疆作为中国唯一的海岛棉产区，经过几十年的发展，成为产棉的中心。有了“军海”1号、“新海”3号等新品种……现今，中国已是世界上最大的产棉国之一，而新疆凭借得天独厚的生态条件，海岛棉的总产占世界的30%以上。而这一朵朵洁白的棉花背后的守护者，是负重前行的育种学家们，他们推动着我国棉花品种一直处于更新中，站在了世界棉种科技的潮头。

20世纪90年代，中国正面临一场严峻的棉花危机。这场危机的始作俑者，是一种贪婪的小虫——棉铃虫。棉铃虫属于喜食植物的鳞翅目，它的食谱广泛，有着“除了电线杆什么都吃”的恶名。作为棉花的头号“杀手”，它主要啃食棉花的花蕾，最后只留下光秃秃的枝丫。

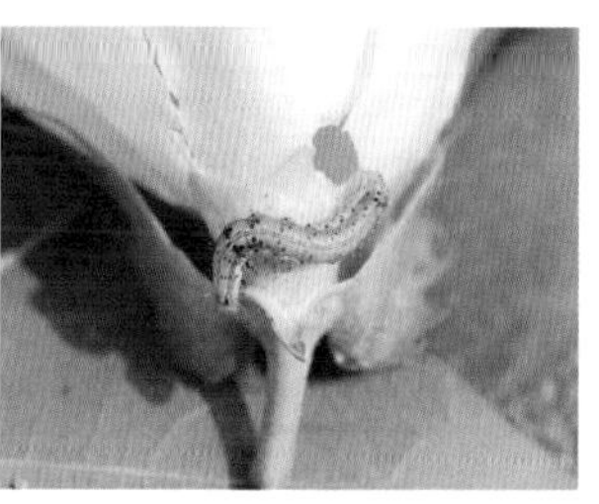

左页两图
棉铃虫

右页图
机器纺纱

1990—1992 年，内地主产棉区棉铃虫灾害连年大爆发，仅 1992 年一年就造成直接损失超过 50 亿元。农户们通过组合多种农药、加大农药使用剂量（几十倍的日常使用量）来尝试对抗棉铃虫。然而，这不仅造成了环境污染，还发生了数十万起人、畜中毒事件，而已有抗药性的棉铃虫依旧为祸农田。棉铃虫的问题引起了国家的高度重视，当年就把“棉花抗虫基因工程研究”项目列入首批“863”计划。以郭三堆为代表的科学家们潜心研发了具有自主知识产权的新型抗虫基因。这是一场只能赢不能输的棉花保卫战。

与此同时，国际上植物基因工程技术已然兴起。科学家发现，苏云金芽孢杆菌（*Bacillus thuringiensis,* Bt）中的 Bt 晶体蛋白能引起棉铃虫胃穿孔，最终导致其死亡。Bt 蛋白的抗虫特性辅之以转基因技术，最先成为培育抗虫作物的选择。

当时，全球只有美国一家种业公司拥有抗棉铃虫的 Bt 转基因棉花品种。对方意图借此次危机垄断并控制中国的棉花种子市场，他们提出巨额的品种使用费和不少于 50 年的合作期限。如果低头应允，那么中国农业科学院棉花研究所（简称中棉所）几代人的科研心血很可能都白费，还会让我们不得不依赖进口棉种，丧失对棉花的自主权。眼见谈判没有进展，该公司又通过成立种子公司的形式企图占领中国抗虫棉市场。到了 1999 年，国外转基因抗虫棉品种占据了中国 90% 以上的市场份额。

有幸，在中国科研工作者的努力下，这一局面发生了逆转。郭三堆团队通过对 Bt 蛋白进行改造升级，增强了它造成棉铃虫胃穿孔的特性，于 1994 年成功研发出了国产单价抗虫棉。四年后，此项成果核心技术获得中国专利。中国成功打破了技术壁垒，成为继美国之后，独立研制成功抗虫棉并拥有自主知识产权的第二个国家。

在科研工作者夜以继日的努力下，短短二十年，国内已获审定的抗虫棉品种达 300 多个，其中产生重大影响的品种有 SGK321、中棉所 29、中棉所 41、鲁棉所 15、鲁棉所 28 等。目前，国产转基因抗虫棉品种的市场份额占据了国内转基因抗虫棉种子市场的 99% 以上，国家和棉农的利益有了盾牌保护。

科研工作者们仍在努力，只为打破限制棉花生产进一步发展的瓶颈。能培育出既拥有海岛棉优良的纤维品质，又具有陆地棉高产和广适性的品种，这也是每一个棉花科研者的梦想。

左页图
机械化采收棉花

右页图
棉花特写
| 李玉博　绘 |

06 种子的太空之旅

“种豆南山下，草盛豆苗稀。”在没有除草剂也没有抗虫品种的东晋，陶渊明也只得辛勤劳作到深夜，偶尔仰望星辰，发出“俯仰终宇宙，不乐复何如？”的感慨。

我们不妨猜测，彼时的陶渊明大概也曾经梦想过，在浩瀚的宇宙中能有果实饱满、不怕杂草又不怕害虫的作物该多好。这个美好的愿望，还真的由1600多年后的当代人实现了。

实现的方式，正是“太空育种”。传统的育种效率比较低，培育一个新品种一般都要用十年时间，而太空育种给我们加快育种速度提供了新途径。借助太空中的高能射线，特别是在微重力的状态下，种子的突变效率会比在自然条件下高得多。

太空育种引发的基因诱变，能获得更多、不同的变异材料，让未来提前到来。在育种专家和科学家们的手里，这些材料，就能够化腐朽为神奇，创造出新的种质资源和品种。

太空育种大体可分为三步：

1. 精心挑选用于宇宙飞行的种子；
2. 种子在宇宙享受一次独家太空浴；
3. 利用返回地球的种子进行育种。

种子搭乘火箭进入太空

去宇宙的“船票”有限，想要去太空旅行，种子们可是需要竞争的。要经过精心挑选和层层审批，只有那些充满活力、果实饱满且遗传稳定性高的种子才能通过选拔。比如在“神舟”十二号全国申报的搭载试验项目中，只有69个项目的千余件搭载材料得到了这个机会，可谓万里挑一。

这些好不容易获得“船票”的种子，搭乘人类的航天飞行器抵达太空，终于享受到了太空浴。和地球的日光浴不同，太空的环境独特，具有高真空、强辐射、微重力等诱变因素。前来沐浴的种子，能在相对短的时间内发生在地球上难以实现的罕见突变。这些突变会在后代中以不同的形态展现在人们面前。

太空中的地球

太空育种

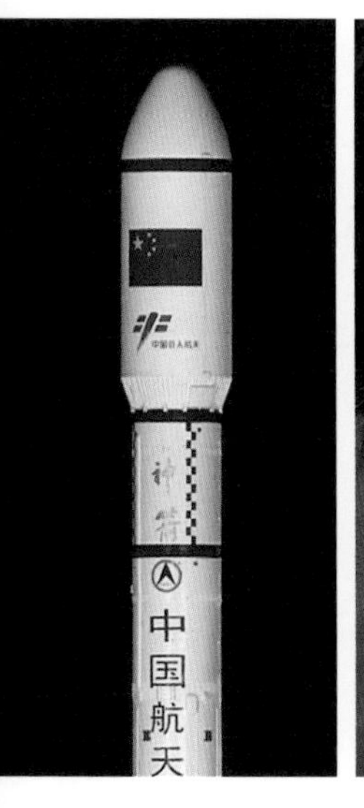

结束了太空旅行，这些种子们将迎接它们的新使命。育种家们将对它们进行历经数代的突变能力筛选，找出具有高产、耐受干旱、不惧虫害等特点的强者，将它们送往全国各地的生态区进行测试历练。经过多年多个生态点的测试后，通关的强者们进一步经过品种审定委员会的综合评价和认可，颁发证书，成为真正的“太空种子”。

随着中国航天事业的不断前行，历届的“太空乘客”们孕育了一批批优秀的“太空种子”，许多已经融入了我们的生活中。

1987 年，首批种子跟随中国第九颗返回式卫星顺利完成太空之行。

2006 年，在中国“长征”2 号 C 火箭的帮助下，实践 8 号育种卫星进入了太空。作为世界上第一颗专门用于航天育种的卫星，这趟旅途，它携带了 152 个物种的种子，植物为主，还有 16 种微生物和 3 种动物。

左页上图
植物舱

左页下图
中国长征系列火箭模型

右页图
空间实验室

2021 年 9 月 27 日，“神舟”十二号返回舱正式开舱，伴随三位航天员一同升空、在太空环游三个月之后，又一起返回地面的种子包从返回舱中取出。航天育种产业创新联盟秘书长赵辉曾经目送这些种子升空，如今又亲手打开这些种子包，里面的种子以水稻、小麦、玉米为主，还有草药、蔬菜、水果、种子微生物等。

见到种子的一瞬间，赵辉惊喜不已，几株从太空归来的石斛竟然长出了新鲜的白色嫩芽。对于多年从事航天育种载荷工作的赵辉来说，也是第一次看到取出来的材料刚一出舱就呈现这样一种生长状态。

利用太空特殊环境，诱变种子产生基因变异，这一育种方式是当今世界农业领域最尖端的科学技术课题之一。

太空育种示意图
| 李玉博　绘 |

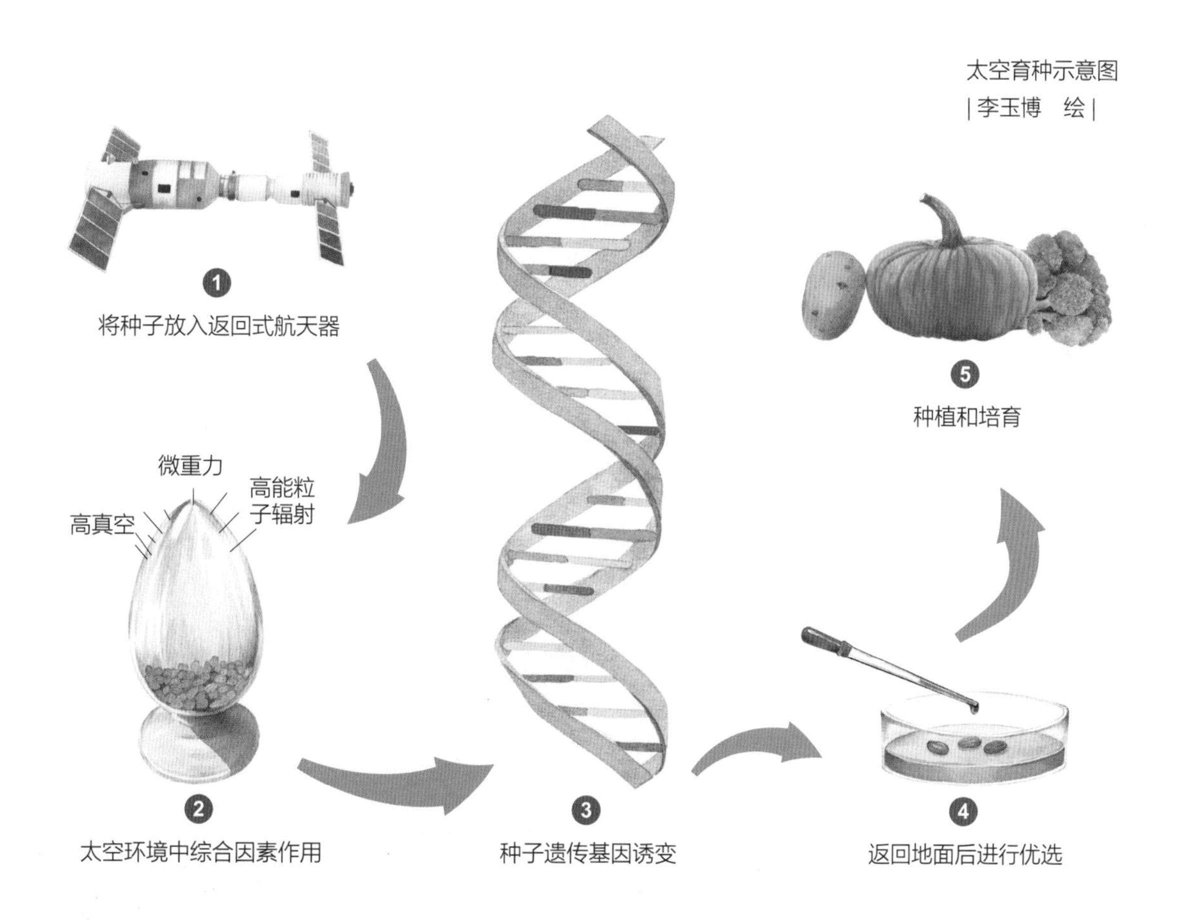

不过，我们并不满足于仅仅往太空带种子，而是想再向前迈进一步，直接在太空种粮食。2022 年 7 月，“问天”实验舱升空，带上了植物宇航员“小薇”去太空进行种植试验。“小薇”是中国水稻研究所科研团队在地球上通过化学诱变筛选得到的一个矮秆水稻，它的最短生长周期只有 46 天，是普通水稻的三分之一左右。生长周期短和空间利用率高的优势使得“小薇”特别适合在实验室进行大规模研究，可以为以后培育适合在空间种植生长的粮食作物打前锋。到了 2022 年底，几株在太空中诞生并首次收获了种子的常规水稻，随着“神舟”十四号一起返回地球，代表着中国人正式迈出了在太空种粮的第一步。

三十多年间，中国通过航天育种，已筛选新材料 1200 多份，培育水稻、小麦、大豆、蔬菜等新品种 260 多个，年推广面积 4000 多万亩。这些太空新品种经受住了国审和省审考核，每年创造出 20 亿元左右的经济效益。

“神舟”十二号返回舱

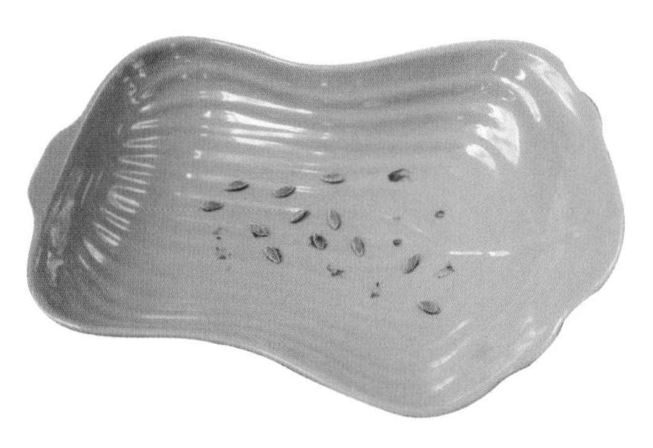

太空种子

比如谢华安院士团队培育出的“特优航 1 号”“Ⅱ优航 1 号”“宜优 673”等十几个高产优质超级稻和再生稻品种。“Ⅱ优航 1 号”创造过百亩再生稻单产的世界纪录。中国农科院作物科学研究所和山东农科院原子能利用研究所通过太空小麦“9940168”和“济麦 19”常规杂交后选育出的“鲁原 502”，凭借着高产、稳产、适应性强的优点，累计推广面积超过 1 亿亩，2018 年成为中国第二大主推小麦品种。

许多到过太空的种子在各自的领域发光发热，以后，还会有更多优秀的种子加入拓宽中国农业遗传资源、丰富百姓餐桌的队伍中来。

种子的太空环游记

07 为什么白羽肉鸡能 42 天出栏？

在当今世界，数量最多的鸟类是谁？不是麻雀，也不是鸽子，而是人类饲养的家鸡。现今，全球每年出栏的肉鸡约 700 亿只，比人口总数还要高一个数量级。鸡肉已经成为中国第二大肉类消费品，这其中有一半都是白羽肉鸡。中国每年要消费近 50 亿只白羽肉鸡，消费量依然在逐渐增长。这些白羽肉鸡长得快、产肉多，生产效率远超其他"走地鸡"，甚至一度被大家怀疑"打了激素"或"长了六个翅膀"。

那么，如此优秀的白羽肉鸡，是如何培育出来的呢？故事要从 20 世纪 40 年代说起。

自从亚洲先民驯化了丛林里的"原鸡"之后，鸡作为一种重要的家禽资源开始渐渐向世界各地扩散，并且在千百年间演变出了各具特色的品种。而早期的动物育种，多半是由民间完成的，美洲也不例外。

左页图
原鸡

右页图
白羽肉鸡养殖场

1945 年的夏天，美国农业部组织了一场名为“明日之鸡”（*Chicken of Tomorrow*）的比赛，得到了当时全美国最大的零售商大西洋和太平洋食品公司（A&P）的赞助，比赛设置了累计 1 万美元的奖金鼓励大家参赛。大赛的愿景是：参赛者需要培养出一只足够一家人享用的鸡，这只鸡需要有强健的体魄，鸡胸肉和鸡腿肉都应该十分厚实，且价格更加低廉。除此之外，这些鸡的优良性状必须是可以遗传的，否则他们将输掉比赛。

比赛的规则是这样的：参赛者需要挑选出自认为满意的鸡蛋 720 枚，然后这些鸡蛋会被送往专门建造的设施进行孵化，再随机挑选出 400 只孵化出的小鸡并在标准饮食的条件下对它们进行饲养。在此期间，裁判需要对小鸡的体重、健康、外观的变化进行密切跟踪监测，12 周后将这些鸡进行屠宰、脱毛、称重和冷藏，从每个批次中挑选出 50 只鸡进行评估。裁判需要根据 18 项标准，从身形结构、皮肤颜色到它们长出片羽的时间以及它们将饲料转化为肉的效率（料肉比）等各方面对每只鸡进行评估。

在 1946 年到 1947 年，在不同的州和地区之间举行了一系列比赛。到了 1948 年 3 月，40 名参赛选手杀出重围，进入决赛圈，共同争夺“明日之鸡”的称号。同年 6 月，爱拔益加（Arbor Acres）农场凭借其培育的白洛克（White Rock）肉鸡获得了纯种组冠军，而科宝（Cobb-Vantress）孵化场则是凭借其培育的科尼什（Cornish）鸡获得了杂交组冠军。三年后的第二届“明日之鸡”比赛中，爱拔益加与科宝两个品种肉鸡依然毫无悬念地蝉联该届冠军。

在随后的时间里，爱拔益加与科宝分别成立了全国性的育种企业，将他们优质的母代种鸡在全世界范围内进行销售。当然，他们也继续对自家“冠军”进一步进行杂交选育，优化其生产性能，而白羽鸡就是在这一步步的育种优化中悄然诞生的。

大吉大利，每晚吃鸡，
吃鸡自由终实现

左图
白羽肉鸡鸡苗

右上图
白洛克肉鸡

右下图
科尼什鸡

通过育种学家们数十年的努力，白羽鸡的料肉比不断减小，不仅如此，它们的个头更大，生长速度也更快。一组数据可以显示白羽肉鸡的育种成果，它们的 56 日龄体重从 1957 年的约 0.9 千克增长到了 2005 年的约 4.2 千克，而它们的 42 日龄（现如今的白羽肉鸡一般选择在 42 日龄出栏）料肉比更是从 1957 年的约 2.9，缩小至 2005 年的约 1.7。时至今日，爱拔益加公司的 AA 白羽肉鸡 42 日龄料重比更是低至约 1.6（吃 1.6 千克饲料长 1 千克体重）。

这些白羽肉鸡之所以能长得飞快，是因为被施了两种“魔法”。一种是人们通过反复实践不断优化它们的饲料营养，让它们每天都能够吃饱喝足；另一种是多年的杂交育种过程，使它们的基因不断重组发生了巨大的改变。近年来，有研究者对比了红色原鸡、农村的“走地鸡”（我国地方品种），以及养殖场的快大型白羽肉鸡的基因，发现各自间存在着显著的差异。商业品种有 30 个基因出现的频率显著增加，同时有 83 个基因的出现频率显著减少。还有的基因在关键位点发生过天然突变，其中一些已被证实与鸡的体型大小显著相关。

现今，白羽肉鸡已经成为全球最流行的一类肉鸡品种，长得最快、最省饲料，因此也最经济，是当之无愧的“冠军鸡”。它的出现，让许多人实现了“吃鸡自由”，也成为人类育种历史上的又一个里程碑。

08 “雪花”长进牛肉里

牛肉因其独特的肉质与丰富的营养价值，深受人们喜爱。时至今日，中国每年的牛肉产量约为 700 万吨，位居世界第三，但年均牛肉消耗量却达到了 800 万吨左右，市场供不应求，供需缺口只能依赖进口牛肉来补足。

想要依靠本国力量来补足这一缺口，就需要培育出产肉量高的良种肉牛，而这个艰巨的任务就落在了肉牛育种学家的头上。

中国自古以来就是养牛大国，拥有不少优良的地方黄牛品种。但由于牛在古代主要是役用家畜，就导致中国本地黄牛的体型前宽后窄，体型也由于地理分布不同而有着很大变化，并不是作为肉牛的“最佳牛选”。

中国黄牛

夏洛来牛、利木赞牛、西门塔尔牛等这些大个头的肉牛都是从欧美国家远道而来的高产肉牛品种（西门塔尔牛是乳肉兼用品种，但产肉性能丝毫不亚于其他肉牛品种），中国从20世纪70年代中期开始陆续从国外引进。如今，这些牛的品种早已在中国养牛业中名声大噪。这些国外良种肉牛都有一个共同特征——后躯发达（相反，役用牛的前躯则更为发达），这样的体型在先天便赋予其成为高产肉牛的潜质。除此之外，它们具有生长速度快、饲料转化率高等特点，更加符合现代集约化肉牛养殖的需求。

夏洛来牛

西门塔尔牛

比利时蓝牛

比利时蓝牛则更像是牛中的“健美冠军”，它拥有一个高产肉牛所具备的性状：“双肌”性状，这一性状赋予了其健硕的肌肉。产生这一性状的原因是该牛的二号染色体肌肉生长抑制素基因发生了突变，而这个基因的突变不仅使它肌肉异常发达，而且影响脂肪沉积。这样的“双肌”牛自身同样存在一些问题，如难产率高、肉质干柴等。但它的成年个体大小、屠宰率、瘦肉率等指标十分出色，因此可以在杂交选育时被用作亲本牛。

中国众多的地方黄牛品种同样是一座宝库，其中以秦川牛、南阳牛、晋南牛、鲁西牛和延边牛这五大地方良种牛最具代表性。

改革开放以来，育种学家一直致力于转变五大牛种的发展方式，从役用转型为肉用，从农户散养转型为专业化规模养殖。

日本黑毛和牛

中国本土黄牛有着抗病性强、耐粗饲、更加适应当地饲养环境等特点，因此国外引进肉牛与中国本土黄牛优势互补，成为改良本土黄牛的思路。一直以来，中国育种学家们都在采用将国外高产肉牛品种与中国地方良种黄牛进行杂交选育的方法，逐步提高中国本土黄牛的产肉性能。

以夏洛来牛为父本，南阳牛为母本的夏南牛和以夏洛来牛为父本，辽宁本地黄牛为母本的辽育白牛等肉牛培育品种肉用性能大幅提升，相继通过农业部肉牛品种审定，标志着这一育种方法的成功实践，也同样标志着中国拥有了越来越多具有自主知识产权的肉牛新品种。

肉牛产肉量得到提升的同时，人们对牛肉品质和口感的要求也在不断提高，改良牛肉品质也成为牛肉生产过程中的一大难题。

说起肉质好的牛肉，可能大部分人脑海中首先会出现的名词就是“雪花牛肉”。“雪花牛肉”这一概念源于日本黑毛和牛，是由于脂肪沉积到肌肉纤维之间，从而形成明显的红、白相间，状似大理石花纹的牛肉。

雪花牛肉香嫩多汁口感的背后，伴随着高昂的价格，是普通牛肉的 8 倍以上。但面对如此高昂的价格，消费者并没有望而却步，反而是趋之若鹜。

近些年雪花牛肉销量逐年增加，市场空间广阔，但这一市场却常年被日本、澳大利亚等国家占据。

雪花牛肉是餐桌上的“奢侈品”

安格斯牛

为了打破国外对雪花牛肉市场的垄断，就必须生产出中国自己的雪花牛肉，然而并非所有的牛都可以产出雪花牛肉。从国外引进的肉牛品种中，只有安格斯牛最适合用来生产雪花牛肉，而夏洛来牛、西门塔尔牛虽然产肉性能优秀，由于其自身基因的特点，并不适合用来生产雪花牛肉。中国五十多个地方牛品种中，也只有十几个品种可以培育出雪花牛肉。

为了培育出自己的雪花牛，中国的“牛人”们不断做出努力。

国家肉牛牦牛产业技术体系首席科学家曹兵海教授花费 6 年时间，用 360 多头地方黄牛进行了上千次试验，终于培育出雪花牛肉。这一成功不仅提升了地方牛的经济价值，也让传统品种得以保存下来。

曹兵海教授的秘诀在于，根据牛的基因特点，在其生长的不同时期，通过精准调整牛的日粮配方，不断地在肌肉中种下脂肪“种子”，并在最终的育肥阶段使肌间脂肪爆发式生长。

还有其他企业通过杂交选育的方式，培养出自己的雪花牛，也广受消费市场喜爱。

科技兴牧，解决了几千年来靠天养牛的被动局面，实现了畜牧业的持续发展。经过几十年的努力，中国牛肉的产量已大幅提高，2021 年中国牛肉产量达到 697 万吨，优质牛肉的产量也在不断上升。随着对地方种质资源保护力度的不断加大，中国养牛业将加快发展的步伐，为人们提供数量更多、质量更优的牛肉产品。

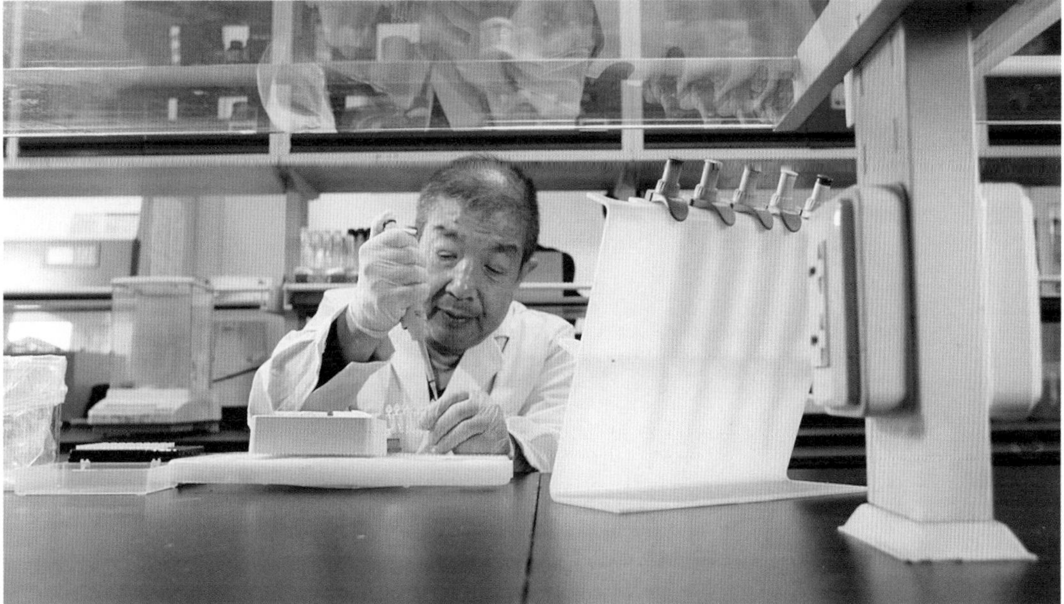

吃货福音：国产雪花牛肉就是顶！

上图

曹兵海培育出雪花牛肉

下图

曹兵海在实验室中进行研究

第三章

种质与人类生活

生物体上一代传递给后一代的遗传物质是 DNA，也是种质资源的一种表现形式。今天人们所消费的每一种农产品，其育种的前提都是宝贵的种质资源。

这些种质与人们的日常生活有着千丝万缕的联系，它们的角色也不再仅仅局限于餐桌。

每一个看似不起眼的生物品种，背后可能都蕴藏着巨大的经济价值，并且有着成为跨界新星的潜力。

从品种改良，到全产业开发，以往很多人们熟悉的农产品正在开拓更大的市场，创造更大的价值。

如何利用好这些生物品种，直接决定了人们现在以及未来的生活品质。

01 小麦变形记

如果说大米是咱们中国餐桌上首屈一指的主粮，那么另一种能与之比肩的，就非小麦莫属了。

前面提到过，用来制作面粉的小麦，原本是一位“西域来客”——第一批小麦种子在大约 4000 年前首次从中亚地区传入河西走廊。后来，小麦逐渐在中国的大江南北站稳脚跟，被制成美味的烧饼、馒头、包子、馓子、面条……极大丰富了先民们的食谱。

对美味面食的喜爱，也让小麦在中国的种植面积逐步增加。目前，中国本土小麦种植面积约 2400 万公顷，总产量 1.3 亿吨以上，不仅占到了国内粮食总产量的 20% 以上，还长期位居全球小麦主产国的第一位。

小麦逐步发展成为中国最重要的主粮之一

不过，荣登产量榜首的中国小麦，也会遇到挑战。小麦产业除了产量之争，还有品质的较量。假如你去超市购买小麦面粉，或许会留意到有的面粉包装袋上会标注“强筋”“中筋”或者“弱筋”的字样。这里的“筋”，正是面粉品质的重要评判标准之一。

什么是“筋”？我们吃的面粉，其实是用小麦种子的胚乳磨成的粉（种皮、胚芽等部分都在加工过程中被去掉了）。胚乳的成分主要是淀粉和蛋白质，而“筋”指的就是其中的蛋白质了（主要为麦谷蛋白和麦醇溶蛋白）。

这些蛋白质不仅是面粉的营养成分担当，还决定着面团的特性——它们在吸水之后会纠缠在一起形成“面筋”，就如同支撑建筑物的钢筋混凝土一样，支撑起一个个面团，让它们变得圆润饱满。

强筋小麦，蛋白质含量较高，面粉的筋力强，面团稳定时间长，最适合用来做面包；中筋小麦，蛋白质含量中等，面粉的筋力适中，面团稳定时间中等，最适合用来制作面条、馒头等食品；而弱筋小麦，蛋白质含量较低，面的筋力较弱，面团稳定时间短，适合制作饼干、糕点。可见这“筋”的含量，关乎面粉的“身价”。

今天这也是一株硬气的小麦

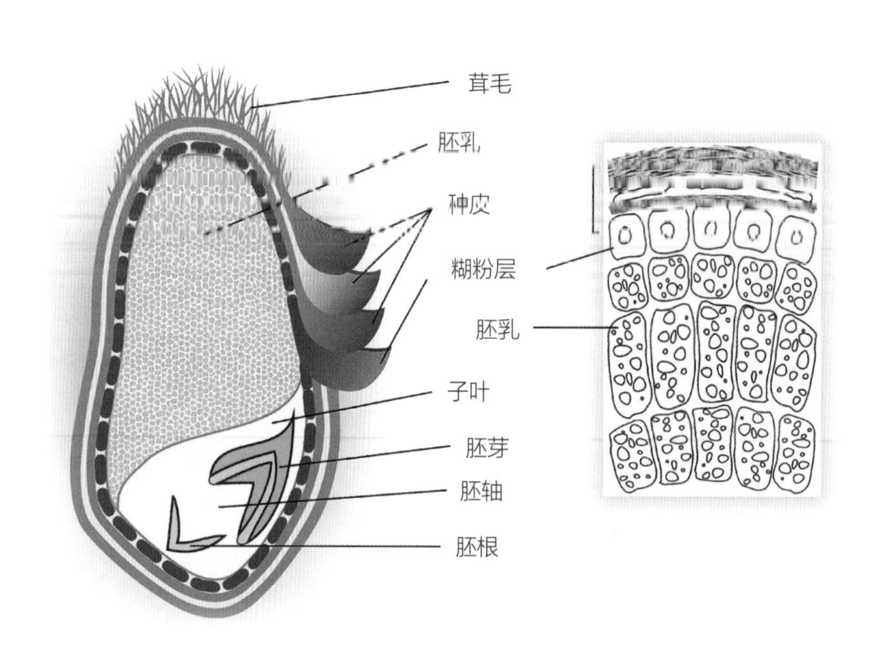

小麦种子结构图

右页上两图
面食

右页中图
成熟的小麦

右页下图
面团结构

中国目前的小麦自给率基本在 100%，能够保障口粮的绝对安全。但从结构上看，却是传统的中筋小麦多，优质的强筋、弱筋小麦少，每年仍然要从国外进口约 300 万吨强、弱筋小麦。所以，我们平时吃的面条、馒头是管饱管够的，但要想吃面包和糕点，可能就得“受制于人”了。

近年来，国内强筋、弱筋面粉的需求不断增长，但产能却相对不足。强筋面粉的价格比中筋面粉每吨要高 120 元，加工强筋小麦的利润大约是中筋小麦的两倍。有的面粉厂老板接到强筋粉加工的大订单，却时常因为厂里强筋面粉库存不足而发愁。

既然强筋小麦需求不小，利润也高，那农民们为何不多种一些呢？其实，不是大家不想种，而是强筋小麦比较难伺候——不仅依赖土壤和气候条件，又很挑剔水肥，整个生长过程中每亩需要使用 20 千克左右的氮肥，才能保证麦粒中有足够的蛋白质（只有粗蛋白达到 14% 以上才能算是强筋小麦）。虽然种植成本高，但早期品种的产量却比普通小麦低 20% 左右。如果田间管理跟不上，不但产量保证不了，种出来的小麦品质也不合格，面粉厂只能按照普通小麦的价格收购。辛苦一年可能还得倒赔钱，这就导致了一些农民想种强筋小麦，却不敢轻易尝试。

而弱筋小麦可比强筋小麦更为娇贵，也有品种和管理上的“短板”，对土壤和气候条件要求非常高，同时要限制氮肥，只适合在中国长江中下游一些稳水保肥能力差的偏砂性土壤中种植。

有些品种产量上来了，但很容易被病虫害侵扰，这都使得弱筋小麦整体的种植技术和培育上比强筋小麦更为滞后。

大面积种植的强筋小麦

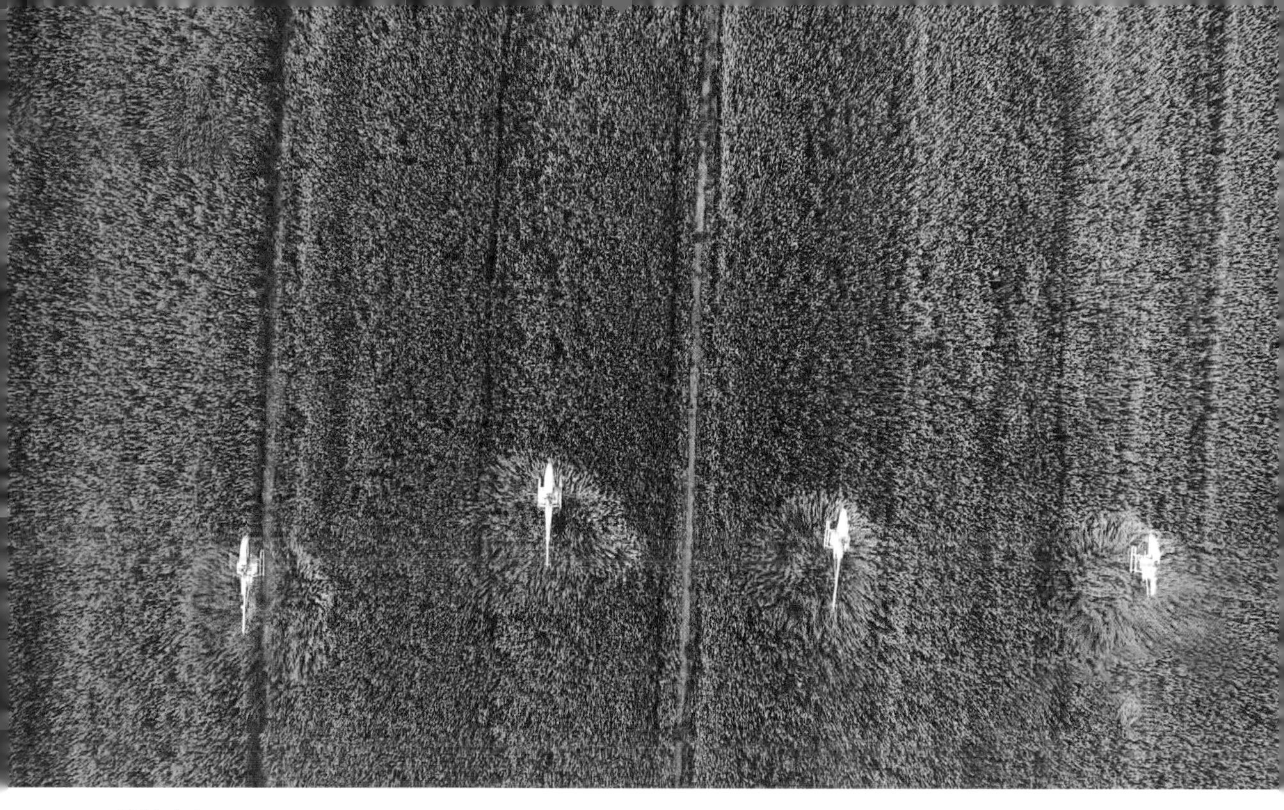

弱筋小麦

好在近年来，中国在小麦育种方面不断取得新的突破和进展。国内育种学家们着力于解决强筋、弱筋小麦品种的短板，不断培育出更出色的小麦品种，其中有多个优质高产的小麦品种已经通过了国家审定，大面积推广种植，比如新麦 26、中麦 578、济麦 44 等，高筋的同时还解决了强筋小麦低产的缺陷；江苏里下河地区农科所育成的扬麦 13 弱筋小麦品种，累计推广 3100 万亩，有良好的抗白粉病和抗穗发芽特性。

小麦育种取得突破的同时，也为农户们带来切实的收益，像河南小麦主产区种植强筋小麦的农户们，每亩可以比种植中筋小麦增收 200 多元。

小麦大户的经济账

中国人的饭碗要牢牢端在自己的手里，小麦当然也不例外。育种专家们的不断努力尝试和研究，让小麦不再那么“娇贵”，也让我们看到了中国发展优质小麦的新希望。

02 从粮食到燃料

玉米和小麦一样，也是一位“海外来客”。不过相比小麦来说，玉米在今天的中国餐桌上一直没有较强的存在感，在人们的印象里它似乎常常作为粗粮或者配菜出现。

来自海外的主粮之一——玉米

事实上，从产量上来讲，玉米才是今天中国当之无愧的“谷物之王”，同时也享有“全球第一大作物”的盛名。在水稻、小麦产量不足的年月，玉米也曾在中国扮演过主粮的角色。40 多年来，国产玉米通过品种改良经历了一轮大升级，亩产从 205 千克增加到 421 千克，年产量超过 2.5 亿吨，每年消费量更是近 3 亿吨，远超水稻、小麦。那么，这些玉米都去哪里了呢？

这第一大去处，就是饲料厂。随着 20 世纪人口的激增，肉蛋奶等优质蛋白的缺口也越来越大，传统的散养方式很难满足肉类的供应。老一辈人时常讲起，他们小时候逢年过节才能吃上一口肉。而为了让大家都能吃上美味的大鸡腿、红烧肉，就必须饲养更多的家禽家畜，于是就兴起了集约化的畜牧产业和饲料工业。

搞养殖最大的成本之一，是饲料。将玉米作为饲料的一大来源，简直是不二的选择。首先玉米虽是外来户，却一点“不见外”：它不怎么挑水土，光合作用效率也比其他许多谷物更高，高产又省肥料；其次是营养好，能满足动物生长的需要，尤其是对能量的需要；还有一个重要的原因是玉米后来不再充当主粮，饲喂给动物不会出现“人畜争粮，人不够吃”的情况。

如此一来，有 60% 左右的玉米进入了饲料厂、养殖场，喂肥了的一群群鸡鸭猪鱼，以另一种形式丰富了我们的餐桌。所以，就算你的菜单上很少出现玉米，但你吃到的每一份肉蛋奶里都凝结了玉米的精华。

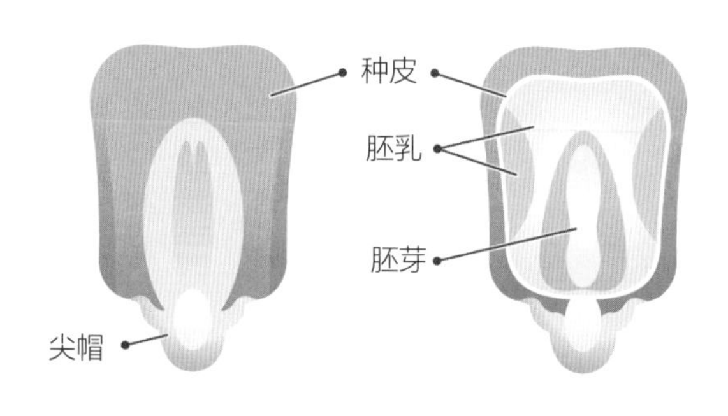

玉米种子结构图

绿油油的玉米植株

叮！这是一条玉米味的“甜蜜”视频

玉米是广泛使用的饲料

无处不在的玉米，速看，
看完涨知识

左页图
玉米淀粉

右页上图
玉米制糖

右页下图
玉米淀粉可用于多个领域

玉米的第二大去处，就是食品加工厂。玉米粒中含有丰富的淀粉，可被制成玉米淀粉或变性淀粉，用于食品产业。淀粉的大分子是由一个个的单糖元件串联起来的，对玉米淀粉进一步加工，就可以获得果糖、麦芽糖等小分子糖。它们对于食品行业来说非常重要，是制作各种调味品、甜点、饮料都不可或缺的。中国玉米制糖量，已位居世界第一。

玉米的第三大去处，是工业界。小小玉米能完成这么大的“跨界”，同样归功于其中的淀粉。这些淀粉早已成了工业“明星”——铸造工业用淀粉当砂芯胶粘剂，冶金工业浮选矿石用淀粉作为沉降剂，用在干电池里可以作为电解质载体，在油漆、塑料、染料、纺织、造纸、轮胎橡胶等行业，淀粉也是必不可少的材料。

玉米淀粉除了直接用，还能发酵出大量的酒精。目前世界上的酒精生产基本全靠发酵，中国的发酵法酒精产量占 95% 以上。而这些酒精可以生产消毒用品，也可以用于汽车燃料，节能环保，也能部分缓解石油燃料的短缺压力。玉米淀粉发酵而成的柠檬酸，能广泛用于食品、医药、染料和其他工业，已经成为中国的新兴发酵工业。加工成变性淀粉，则能更广泛地应用于造纸、纺织、日化、医药等众多领域。

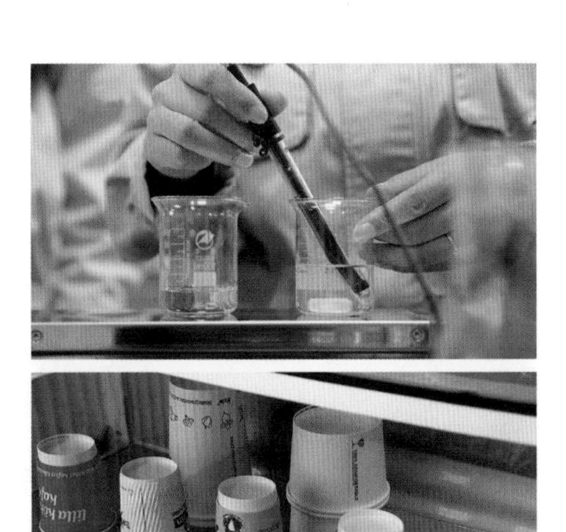

除了淀粉，玉米身上的其他成分也不会浪费：玉米油可以作为健康的食用油，玉米纤维可以制成各种纺织品，玉米芯可以提取木糖醇，用于制作代糖和牙膏……可以说玉米浑身上下都是宝。

而为了适应玉米的多种用途，中国的玉米产业也悄悄发生着变化。在中国，登记在册自主培育的玉米品种超过 7000 种，玉米种业差不多占全国的种业市场的三分之一。这些玉米按淀粉含量划分，又有角质玉米和粉质玉米之分。角质玉米的淀粉和蛋白分离更容易，转化成糖的质量更好，也更适合生产附加值极高的变性淀粉。

而用于生产酒精，就要选水分低、淀粉高的粉质玉米。农户选择的玉米品种不同、种出的玉米质量不同，最后获得的收益也会有所差异。

玉米油

仅餐桌上的玉米就有多种形态

03 辣椒能有多炫技

除了玉米，作物家庭里还有一位著名的“全能型选手”，它就是辣椒。提起辣椒，最先出现在你脑海的大概是热气腾腾的红油火锅、风靡一时的“变态”烤翅、街边的麻辣小龙虾……

这些让人们口舌烧灼却又欲罢不能的美食，似乎已经成为辣椒的“形象代言”。不过，辣椒的用武之地可远不止于此。

同其他天然植物一样，辣椒中也含有许多种不同的化合物成分，其中最著名的大概就是被统称为“辣椒素”的一类生物碱。1816 年，德国一位药物化学家首次提取出辣椒素，证实它就是辣味的来源。

不同品种的辣椒所含辣椒素不同，在辣度上也是天差地别。那么，如何测定某种辣椒到底有多辣呢？ 1912 年，一位名叫威尔伯·史高维尔（Wilbur Scoville）的药剂师别出心裁地创造了一种测试“辣”的方法——“史高维尔感官测试”（Scoville Organoleptic Test）。他用糖水稀释辣椒素，什么时候尝不到辣味了，就以此时稀释的倍数作为辣度，即史高维尔辣度（Scoville Heat Unit，简称 SHU）。如果某个辣椒稀释成原来的一百万分之一才尝不出辣味，那它的辣度就是 100 万 SHU。史高维尔辣度可以分为十级，我们一般食用的辣椒，最多也就是二、三级辣度，也就是刚刚起步的水平。甜椒完全没有辣味，因此 SHU 为 0；而辣度值最高的物质是纯辣椒素，甚至达到 1600 万 SHU。

左页图
餐桌上不可缺少的辣椒

右页上图
辣味的来源——辣椒素

右页下图
提取辣度检测物质

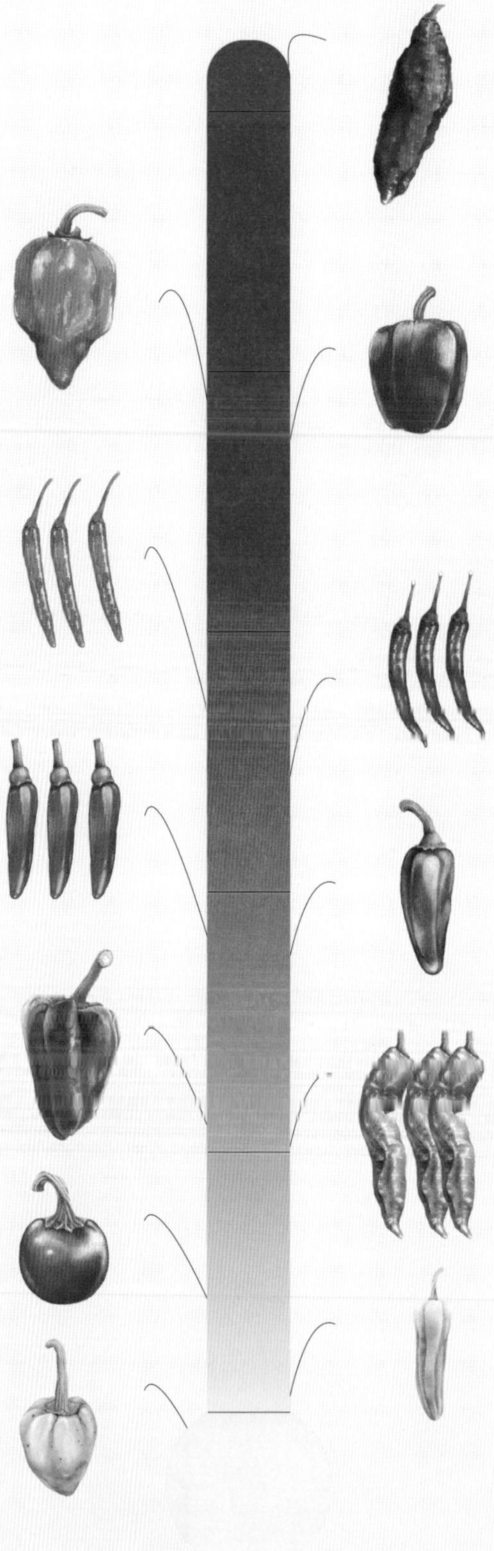

魔鬼椒
1000000
世界上最辣的辣椒，产于印度东北部。

哈瓦那椒
200000 ~ 300000
又叫“红色杀手”，碰后记得洗手。

小圆灯笼椒
100000 ~ 250000
猛一看像菜椒，辣度却高1000倍。

泰椒
50000 ~ 100000
往往短于2.5cm，泰餐必备。

小红辣椒
25000
虽然个头小，辣度可观。

野山椒
7000 ~ 25000
辣度倍增，嘴中如着火一般。

墨西哥辣椒
3500 ~ 4500
辣度明显提升，但不会掩盖味觉。

钟型椒
1000 ~ 1500
味道尚和缓。

长辣椒
1000 ~ 1400
比樱桃椒略辣，可用于凉拌菜。

樱桃椒
500
较小，很和缓，酱菜中常见。

香蕉椒
500
常见于比萨饼上，很和缓，可生吃。

菜椒（灯笼椒）
100 ~ 500
微甜＋微辣。

辣度单位：史高维尔

史高维尔的测试方法受人的主观影响很大（每个人对辣味的敏感度并不相同），所以后人用了更先进的“高效液相色谱”法来测量辣度。不过由于史高维尔的SHU沿用已久，所以现今仍常将高效液相色谱的量测值转换为SHU来表示辣椒素含量。

说来有趣，辣椒素原本是辣椒为了阻止人类及其他哺乳动物吞吃而进化出的防御手段（因为哺乳动物的消化过程会破坏辣椒的种子，令其无法萌芽）。它的工作原理是激活哺乳动物口腔内表皮细胞或者皮肤表皮细胞对温度敏感的因子，模拟出一种“被火灼烧”的痛觉。

这种“火烧火燎”的试吃体验，足以让绝大部分哺乳动物望而却步。但偏偏人类就要迎“辣”而上，即使被“虐”千百遍，依然嗜辣如初恋。不仅没被辣椒素吓退，反而将其广泛纳入食物的味道中，还利用它的灼烧原理造出了用于安全防暴的辣椒喷雾。

左页图
辣椒辣度排行榜
| 李玉博　绘 |

右页上图
令人类迎“辣”而上的辣椒

右页下图
“高效液相色谱”法测量辣度

辣椒辣度有区别，挑战一下你在哪一级？

制造1瓶辣椒喷雾大约需要消耗10千克辣椒。使用这种高浓度辣椒素溶液喷向歹徒面部时，对方的眼睛和呼吸道会经历一番炎魔附体般的强烈刺激。可能上一秒还拒绝配合、激烈反抗，下一秒就涕泪交加、咳嗽不止，一时半会都无法再实施攻击，从而被警方绳之以法。

辣椒产生的多种辣椒素，不仅能阻止馋嘴的哺乳动物，还可以抵御诸如镰刀菌等有害微生物的侵袭，具有很强的抗菌作用。科学家们推测，人类祖先很早就发现了这个现象，并且利用辣椒素的抗菌功能来保存食物。在现代，这一特性可以用于制作船舶涂料，防止水中的微生物侵蚀船体。

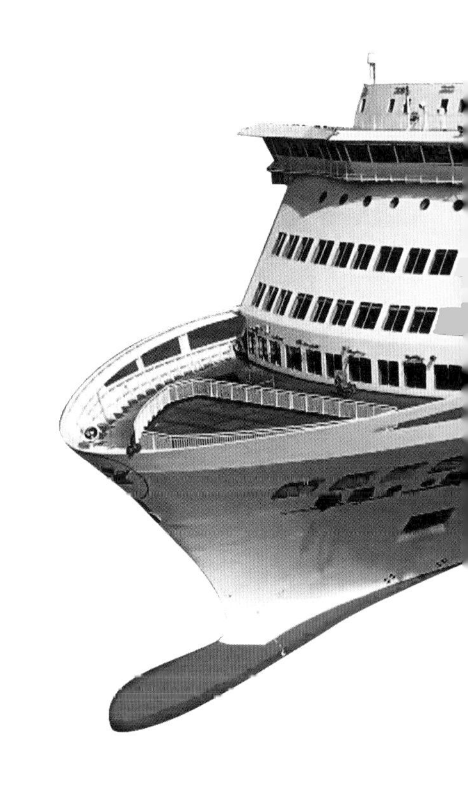

随着对辣椒素研究的深入，人们又发现了它在医学领域的诸多功效。比如镇痛作用：口服或局部涂抹辣椒素可以缓解一些特定的炎症和疼痛；抗癌作用：低剂量辣椒素具有一定的抗肿瘤活性，能与标准化疗药物联合治疗几种人类癌症；保护心血管：常吃辣椒的人，患有各类心血管疾病的风险更低；甚至对于控制体重也有帮助……

含有辣椒素成分的催泪瓦斯

辣椒素可用于
制作船舶涂料

辣椒素的这些用途也让辣椒扮演了多重角色，它不仅是饮食界的明星，还成了工业界的新宠。辣椒越辣，就越容易提取到高品质、高纯度的辣椒素。近 10 年，全球对工业辣椒的需求不断增长，使辣椒变成了一种重要的战略物资。当前，全球交易的高辣度辣椒大多来自印度，辣度普遍都在 8 万 ~ 9 万史高维尔，市场价是普通食用辣椒的 5 ~ 20 倍。每年，中国进口这些高辣度辣椒，至少要花费 300 多亿元。

而除了辣椒素，人们还在辣椒中“鉴宝”到了其他有效化合物成分，比如“辣椒红素”。它作为一种可食用的天然色素，能够广泛用于食品、化妆品添色。中国新疆生产的“铁板椒”，产量高、色泽好，成为一些国际大牌口红原料的不二之选。

又比如辣椒籽油，富含不饱和脂肪酸、20 多种矿物质和多种维生素，具有很好的营养价值。

辣椒交易中心

中国已培育出不少“超辣”的辣椒新品种

说起来，辣椒从中、南美洲老家经欧洲传入中国，也不过短短400多年。但今天中国的辣椒产量，大约占到全球辣椒总产量的一半，已经成为名副其实的“辣椒大国”。作为全球辣椒产量最大的国家，中国种植的辣椒品种有近千种，各类用途的辣椒品种一应俱全，小小的辣椒在中国是一个产值超过2000亿元人民币的大市场。

邹学校，被人家叫作“辣椒院士”，市场上不少热销的辣椒品种，都是他和团队研发的。如今，邹学校瞄准的大市场，就是工业用辣椒。中国大部分辣椒辣度都在1万史高维尔以下，极少数能达到7万，但产量不高，这离工业加工需要的八九万的辣度目标，差距较大。而对于育种家来说，5万辣度的提升，往往要花费5 ~ 10年的时间。

邹学校和他的团队正在向30万辣度的辣椒新品种发起攻关。新品种的高辣基因，是来自云南的涮涮辣和湖南的朝天椒。分批次成熟，是辣椒的特性。传统的收获方式是熟一茬，摘一茬，很难一次性全部收获。但邹学校已经掌握了辣椒的生长规律，让这个品种可以集中采收，果实均高于地面20厘米以上。

辣椒新品种在新疆喀什实现了规模化试种，机械化采收。它们将在未来减少中国对进口高辣度辣椒的依赖。这些功成名就的辣椒成员，将继续活跃于我们的农田、工厂、医疗机构和餐桌上。

04 小细菌引领生命科学大革命

有些“低调”的物种，看不见、摸不着，绝大多数人一辈子都不会遇到它，甚至连名字都不曾听闻，但这丝毫不影响它们对人类科技与生活作出的巨大贡献。

水生嗜热菌（*Thermus aquaticus*）正是其中之一。

20 世纪 60 年代，微生物学家托马斯·布洛克（Thomas Brock）开车路过美国黄石国家公园。他被公园中那一池池绚丽多彩的热泉所吸引，于是决定前去一探究竟。

布洛克敏感地察觉到，这些华丽的色彩可能并非来自泉水或矿物，而是某些超级耐热的未知微生物。为了验证自己的猜想，他从 70 摄氏度高温的泉水中采集了一些样本带回了实验室。

美国黄石国家公园大棱镜温泉

美国黄石国家公园的“请勿标记细菌垫”标志
（提醒游客不要破坏环境，背景为橙色嗜热细菌垫）

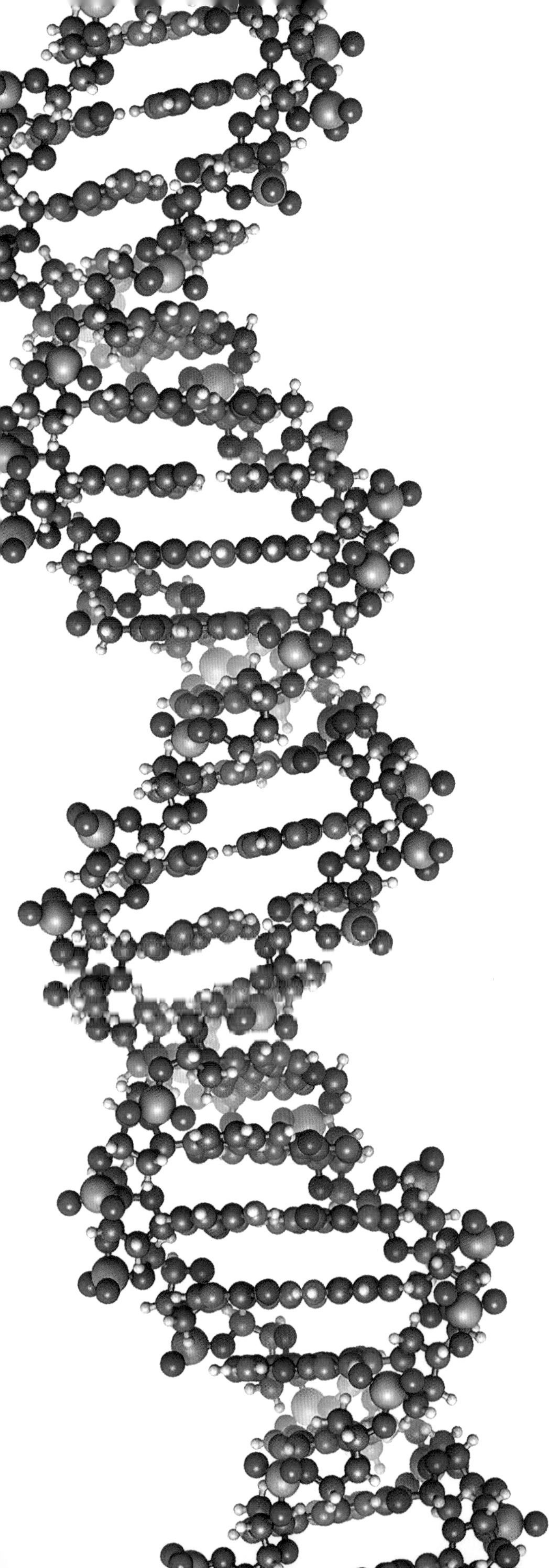

显微镜下的画面让他和他的学生全都惊呆了：一群活跃的微生物正在不停地游来游去！由此，布洛克首次发现了能耐受高温极端环境的生物物种，并将其正式命名为水生嗜热菌。很快，这些不怕热的生物引起了其他生物学家们的研究兴趣。

1976 年，中国台湾女科学家钱嘉韵和她的研究团队也来到黄石公园的热泉边。这一回，她们分离到了一种特殊的水生嗜热菌，从它身上发现了一种能够耐受 95 摄氏度高温的 DNA 聚合酶，也就是 Taq DNA 聚合酶。

这个发现，即将在后来的生命科学领域中掀起一场惊涛骇浪。

我们知道，今天包括分子育种在内的生命科学研究，已经能够精确到 DNA 的层面。而要具体研究某段 DNA 的序列及其功能，首先就得获得足够数量 DNA 分子。

左页图

DNA 结构模型

右页上图

通过 PCR 方法进行 DNA 测试

右页下图

科研人员利用 PCR 热循环仪开展 DNA 实验

这件事听起来容易，其实一开始并没有那么简单。截至 20 世纪 80 年代，分子生物学研究依旧是一个费时又费手的“体力活”。毕竟 DNA 分子太小，且一个细胞里只有一套基因组 DNA，非常金贵，科研人员不得不将大部分时间都消耗在提取和纯化这些细胞里的 DNA，研究进度异常缓慢。以至于一个研究生只要能获得一段完整的目的 DNA 片段，就达到了毕业条件。

到了 20 世纪 80 年代末，一个横空出世的新技术，彻底改变了这种尴尬的局面，也开启了生命科学研究的新纪元。这项技术就是大名鼎鼎的聚合酶链式反应（polymerase chain reaction），简称 PCR。利用 PCR 技术，科研人员就能够将极其微量的 DNA 片段在体外复制扩大上亿倍，再也不愁 DNA“不够用”了。

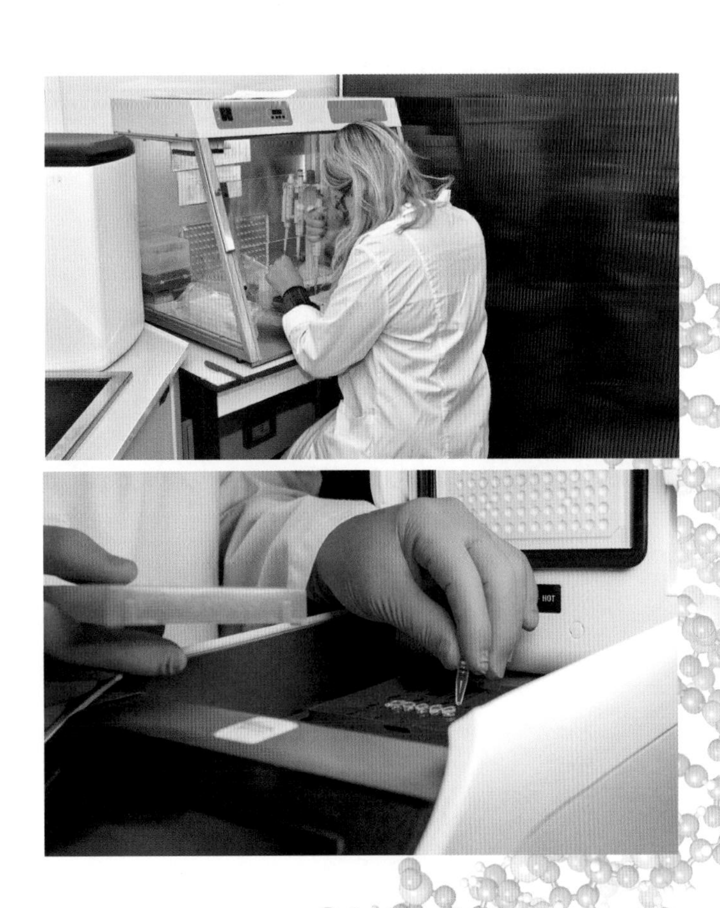

如此强大的 PCR 技术，其灵魂和核心正是钱嘉韵团队发现的 Taq DNA 聚合酶。因为要想人工复制 DNA，就得先把 DNA 双链在 95 摄氏度左右高温下解旋成单链。其他已知的 DNA 聚合酶，在这么高的温度下早就被“煮熟”而失效了，但 Taq DNA 聚合酶对此却能轻松应对，游刃有余。

也正是因为 PCR 技术的作用和强大，PCR 的发明者卡里・穆利斯（Kary Mullis）因此获得了 1993 年的诺贝尔化学奖。值得一提的是，诺贝尔奖大多授予理论的突破和重要的发现，而穆利斯是为数不多的因发明了一项新技术而获奖的科学家，由此可见 PCR 技术在人类科学发展中的重要地位。

PCR 技术的诞生，不仅极大促进了基础生命科学的进步，还推动了疾病防控、医学诊断、刑事侦查等研究方向的发展。可以说，目前每一个与生命科学有关的领域，都离不开这项技术的支持。

比如现代分子育种中，要想定向改变某个物种的基因，实验操作中几乎全程离不开 PCR 技术的辅助。从前诊断传染病，需要分离培养病原细菌，不仅要花费很多天时间，准确性也比较差，容易耽搁病情。而有了 PCR 技术的支持，只需要通过扩增病原特有的基因片段，最快几个小时就能精准鉴定出病原，让病人得到及时有效的救治。新冠病毒流行期间，以 PCR 为根基的核酸检测技术为各国的流调工作立下汗马功劳。在近些年的刑事案件中，DNA 序列片段获取和分析，也为案件侦破和抓捕凶犯起到决定性的作用。

一个小菌种，改变了世界，而这一切，都要归功于黄石公园热泉里那些默默无闻的小细菌，以及发现它的科学家们。

05 北京鸭“漂流记”

鸭作为中华菜谱上的常驻嘉宾，以其肥美的肉质与饱满的口感，古往以来深受中国人民喜爱。其中传统名菜北京烤鸭，更是在中华人民共和国成立初期就被国家领导人用于招待外宾，自此享誉海外。但这辉煌的背后，却隐藏着中国本土鸭种质失而复得的辛酸史。

切好的北京烤鸭

正在烤制的北京烤鸭

中国先民驯养鸭的历史悠久。古籍《尔雅》中就有关于鹜与凫的记载，其中鹜是家鸭，凫是野鸭，凫经过人工驯养后成为鹜，说明中国的先民早在2000多年前（也有作3000年前）就开始驯养鸭子。同时，这一结论也得到相关研究的佐证。到了唐宋时期，江浙地区就已经开始大规模养殖麻鸭了，《吴地记》中就有“金陵人筑地养鸭”的记载，陆游的《稽山行》中也有“陂放万头鸭”的诗句。足以证明中国鸭养殖的时间之早与规模之大。

按理来说，中国东南地区温暖湿润，水系纵横发达，最适合鸭子生长，的确中国先民在此地完成了野鸭到家鸭的驯化。但其中最有名的鸭子品种——北京鸭却出自干旱的北方，这又是为什么？

相传，明成祖朱棣取得皇位后自南京迁都北京，每年需从江浙一带向北方调运粮米（称为漕米），沿京杭大运河运往北京，数量极大，号称“岁漕四百万石”，但在运输的过程中，难免有些粮食因颠簸洒落在运河中。浸过水的粮食不能久放，于是码头官吏便充分利用这些散落的粮食饲养随船运来的金陵一带的“白色湖鸭”。这种“吃粮食长大”的湖鸭到达北京后，被安排在京城北部水系中饲养。经过一代又一代的精心培育，它们体格变大、皮下脂肪变厚，逐渐形成新品种——北京鸭。根据史料记载和现代分子进化推断，北京鸭的育成已有400多年历史。由于其皮下脂肪丰厚肥美，适合烤制，日后逐渐成为“北京烤鸭”的原材料。

左页图
西周青铜鸭尊

右页图
肥美的北京鸭
|李玉博　绘|

然而，近代中国的动荡打破了这一局面。西方列强进入中国后，一部分人立刻发现了北京鸭的价值，迅速对北京鸭的种鸭和种蛋展开抢购，可见当时北京鸭的性状在世界范围内都处于绝对的领先地位。买到它们的西方人如获至宝，带着它们漂洋过海回到自己的国家进行本土化改良，而这些改良的品种，至今仍然保留着“*Pekin*”（北京鸭）的名称。

1873 年，英国人就已经将北京鸭种蛋引入英国。之后为了迎合英国人吃瘦鸭肉的饮食习惯，他们不断地对北京鸭进行品种改良。

其他国家也不遑多让，充分利用北京鸭优质的遗传资源，培育出属于自己国家的北京鸭配套系。这其中以英国培育的英系北京鸭配套系最具代表性。

1958 年，英国有一家以肉鸭为主营项目的公司——樱桃谷农场，利用北京鸭的遗传资源与当地家鸭杂交，培育出大型白羽肉鸭配套系，这种肉鸭配套系后来被称为“樱桃谷鸭”。樱桃谷鸭不仅完美继承了北京鸭的特点，还兼具瘦肉率高、饲养成本低、抗病力强等特点，因此一经上市就受到追捧，规模快速扩大，迅速在“世界鸭林”中占据一席之地。

反观中国的肉鸭育种业却因战乱停滞了数十年，直到 20 世纪 60 年代初期才重新被重视。随着育种差距越来越大，仅用手中现有的资源进行赶超已变得难上加难。

很快，随着改革开放的到来，鸭肉消费量与日俱增，但国内优质的北京鸭供不应求，怎么办？于是在 20 世纪 80 年代，中国开始引入樱桃谷鸭，明明鸭子的商品名仍叫“北京鸭”，却是实实在在的进口商品。

自 2010 年以来，中国每年樱桃谷鸭的出栏量均超过 20 亿只，几乎垄断了中国瘦肉型肉鸭的品种市场。2017 年 9 月，首农股份与中信农业以 1.83 亿美元（当时约合人民币 15 亿元）的价格，收购了英国樱桃谷农场有限公司 100% 股权。经过多方努力，我国肉鸭种业做到了核心种源自主可控，中国育种学家根据市场对不同鸭肉的需求，分别育成了北京烤鸭专用的南口 1 号北京鸭、京典北京鸭和 Z 型北京鸭配套系，以及中畜草原白羽肉鸭、中新白羽肉鸭、强英鸭等瘦肉型白羽肉鸭配套系。我国育种公司生产的北京鸭系列在全球 40 多个国家和地区销售，解决了肉鸭种业“芯片”卡脖子问题。以北京鸭为基础培育的商业配套系占我国肉鸭市场的 90% 以上市场，年产值在 1000 亿元以上，同时也为全球羽绒加工提供了主要原材料。

近 5 年来，中国肉鸭年均出栏超过 45 亿只，产肉量位于猪肉、鸡肉之后，是中国第三大肉类产业。而现在，这些肉鸭的种质资源已被牢牢掌握在中国人自己的手中。

鸭鸭，今天也要加油鸭！

06 看我“七十二变”

16 世纪伊始，大航海时代正式开启，大大小小的船只离开海港扬帆起航去探索世界。不过，那时候的海洋不仅代表自由和财富，同样意味着无数的危险……恶劣的天气、凶险的礁石、横行的海盗，都会让航海者们命丧黄泉。即便是一路风平浪静，仍有很多船员会莫名其妙半路死亡，他们通常都会疲倦无力，精神失常，最后萎靡死去。而且航行的时间越久，死去的人数就越多……

葡萄牙航海家麦哲伦画像

这不是海洋的诅咒，而是维生素 C 缺乏病发作。大部分的船队在出发前都会带足粮食和酒肉，但却少了一样重要的补给——新鲜蔬菜和水果。1520 年，麦哲伦的探险队就有一大半人因维生素 C 缺乏病而丧生。

直到 18 世纪，一位名叫林德的船医通过临床试验证明，每天食用柑橘类水果是治疗维生素 C 缺乏病的有效方法，才破除了船员不能长期航海的“诅咒”。

富含维生素 C 的柑橘

柑橘的秘密在于富含维生素 C，它是对抗维生素 C 缺乏病的关键营养物质。人类在进化过程中失去了自己合成维生素 C 的能力，必须从新鲜的蔬菜水果中摄取。在陆地时多多少少都能吃到一点果蔬，而在长时间的航海中，因果蔬容易腐败，很难大量随船携带，谷物和肉类虽然可以提供能量与蛋白质，却无法补充维生素 C。于是，在维生素制剂研发之前，皮厚耐贮藏的柑橘（以及瓶装柠檬汁）成了航海救星和治疗维生素 C 缺乏病的法宝。

现今，柑橘已经稳坐水果界的头把交椅，更是冬季水果市场的扛把子。稍加观察你就会发现，世界上大概没有哪个水果家族能比柑橘更“浪荡”。品种繁多形态各异的柚子、橘子、橙子、柠檬们简直令人眼花缭乱，迄今也没人能理得清柑橘家到底有多少子孙。

柑橘的成功得益于它们极高的基因变异率，以及任意品种间的杂交育种。柑橘祖先在大约 800 万年前诞生于喜马拉雅山附近，凭借一身“以万变应万变”的本领，兵分三路离开老家，踏上了征服世界的步伐。向西产生了香橼，向南冒出了柚子，向东的队伍里则出现了橘子。

这三位“开山橘祖”一路走一路生，又丝毫不介意和自己的近亲远亲交流基因，于是又产生了许多稀奇古怪的家族成员。

澳洲指橙

成熟的柑橘
|李玉博　绘|

这是一个甜蜜爆表的视频

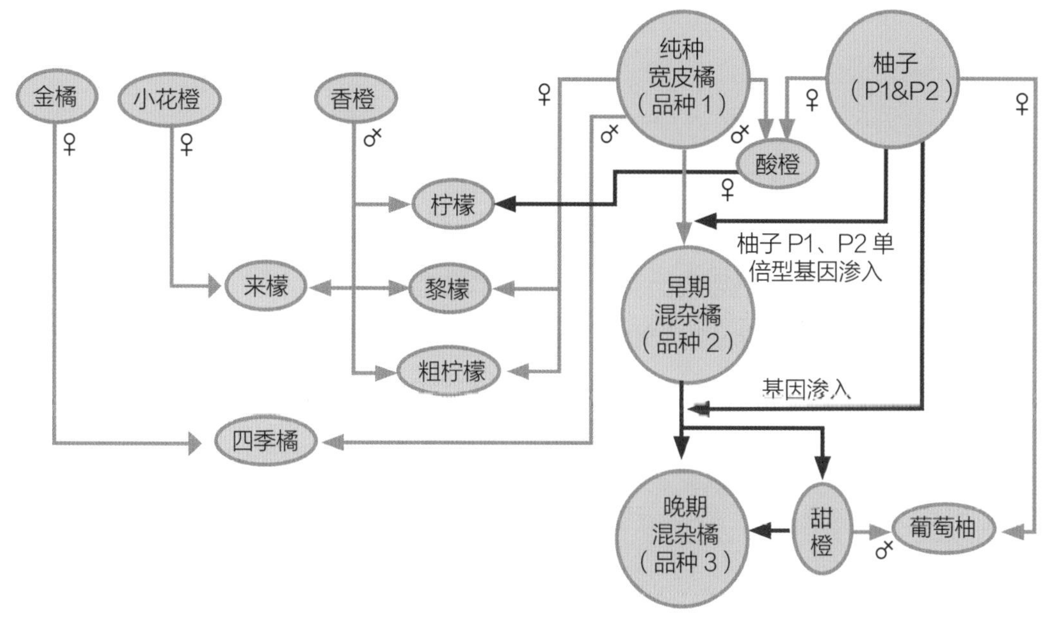

柑橘类水果杂交关系图谱

比如一支柑橘南下去了澳大利亚，演化出了小巧玲珑的澳洲指橙。产量稀少的澳洲指橙凭借独特的酸爽口感，受到众多星级大厨追捧。因为其形似鱼子的果肉和高昂的价格，甚至被称为“水果中的鱼子酱”。

再如由柚子演化出的宽皮橘，随后在东亚地区落脚。它表皮松弛，可轻松剥去，由此衍生出各类可徒手剥皮的柑橘品种，在柑橘家族的现代商业版图中占得一席之地，成为柑橘家的核心骨干。

沃柑与丑橘都属于宽皮橘

而后，自带育种大师属性的柑橘们依然没有停下脚步。宽皮橘在探索自己的发展路线时，又转头找南边的老祖宗柚子亲密交流了一番，诞生出了酸橙；酸橙同样不消停，和西边的老祖宗香橼的后代来檬攀亲，诞生出了柠檬……它们在人类学会杂交育种之前，就已经在大自然的帮助下把这项技能玩坏了……不得不感叹：橘圈真乱！

乱归乱，但品类繁多的柑橘成员，着实赋予了柑橘属丰富的种质资源，也为人类进一步开发柑橘奠定了基础。抱怨柠檬太酸？那就培育甜柠檬。比如法国芒通柠檬，皮薄柔软，以高于其他柠檬 5 ~ 7 倍的糖含量取胜，被视为世界上最好的柠檬之一；橙子纤维多口感差？无妨，日本培育了爱媛果冻橙，皮薄汁多，滑爽可口；嫌柚子上市晚？中国培育的东试早柚，7 月下旬就能成熟，比其他柚子提早一个多月，饱满清甜无苦味，总能引得人们抢购一空……

对于柑橘，大概只有你想象不到的，没有育种学家培育不出来的。在未来，一定还会有更多新奇的柑橘品种产生，带给人们以惊叹。

脐橙

然而，水果界的另一位“扛把子”——香蕉，可就没这么幸运了。所谓“成也萧何败也萧何”，香蕉的危机同样来自基因。柑橘属嵌合体自然发生的概率接近 4%，而香蕉的自然变异率仅只有 0.00002%，两者相差近 20 万倍！

香蕉富含多种营养物质，也是人类最早驯化的水果之一。它产量巨大，被称为世界上最完美的食物。然而，我们今天常吃的香蕉叫作香芽蕉，其实只是 20 世纪一场香蕉浩劫中的候补队员。曾经的香蕉王者是“大密舍”香蕉。

19 世纪末，大密舍香蕉凭着清甜可口、香味浓郁，商品性好于其他香蕉，成为世界上首个商业化种植的香蕉品种，称霸世界香蕉市场多年。由于大密舍香蕉是三倍体植物，没有种子可进行有性繁殖，只好通过自己“复制”自己来克隆繁殖。育苗企业会从香蕉树旁取下吸芽，经过组织培养，繁育香蕉种苗进行种植。就这样，始终如一的香蕉串起了几代人共同的味觉回忆。然而，遗传背景的单一，注定了一场潜伏已久的悲剧。

香蕉植株及果实
| 李玉博　绘 |

大密舍香蕉

1890年，一种对大密舍香蕉致命的尖孢镰刀菌1号生理小种，瞄准大密舍香蕉的“阿喀琉斯之踵”，一刀扎了进去，在巴拿马引发了一场香蕉黄叶病的大流行，并迅速席卷全球。大密舍香蕉无力反抗，最终在1950年退出了香蕉的商业舞台，只能在一些犄角旮旯里勉强维生。尖孢镰刀菌1号生理小种也成了震慑大密舍香蕉蕉农的“香蕉死神”。此后，能够抵御尖孢镰刀菌1号生理小种侵扰的“香芽蕉”取代“大密舍”，逐渐成为世界上广泛商业化种植的香蕉品种。

随后近70年间，尖孢镰刀菌通过不断的进化，从1号生理小种进化为4号生理小种，最终于1967年在我国台湾攻溃香芽蕉，国际香蕉产业再一次受到尖孢镰刀菌的毁灭性威胁。

广东省农业科学院香蕉遗传改良研究团队历经数年攻关，选育出“中蕉8号”香芽蕉新品种，对4号生理小种具有较高的抗性，阶段性地解决了这一国际难题。

吸芽分株繁殖是香蕉常用的繁殖方法

然而，病原菌与寄主的斗争永远在路上，国际香蕉育种家们早已着手寻找下一个拯救香蕉的英雄，那些关键的抗病基因，可能就埋藏在其他的野生香蕉之中。但愿他们能够及时培育出更好的香蕉品种，让美味的香蕉摆脱死神的笼罩。

在群星璀璨的水果界里，世界各地的种子选手都在积极备考，期望在市场获得认可。

香芽蕉

在新西兰，通过类似计划经济的模式生产的奇异果（kiwi fruit）占据着世界猕猴桃成交量的三分之一。中国则是新西兰奇异果的最大市场。

奇异果的英文名字与新西兰的国鸟几维鸟（kiwi）的名字一样，这总会让人不由自主地以为奇异果来源于新西兰。

殊不知，奇异果的故乡在中国，因其毛色酷似猕猴，故而称之猕猴桃。作为名副其实的海归，奇异果的出海之路不太顺畅。

猕猴桃

| 李玉博　绘 |

早些年，人们未意识到猕猴桃是分别拥有“害羞女孩”和“友好男孩”的单性花。很多出海的猕猴桃还没有与其他猕猴桃繁育后代，就孤单地走完了自己的一生。

1904年，新西兰一位女教师伊莎贝尔·弗拉泽（Isabel Fraser）到湖北宜昌探望在教堂工作的妹妹，偶然从当时在中国采集资源的植物探险家威尔逊（E. H. Wilson）手中获得一把猕猴桃种子，带回了新西兰。这些种子中，既有“害羞女孩”也有“友好男孩”。而后，在育种家的培育下，1910年，猕猴桃在新西兰成功繁衍出后代。奇异果雌雄异株，一般按照6∶1的雌雄比例种植，以达到最大产量。育种技术的成熟和独特的口感，使得猕猴桃在地广人稀的新西兰大规模种植。

不过，直到1952年，猕猴桃在新西兰达以中国醋栗（Chinese gooseberry）之名出口英国和澳大利亚。随着猕猴桃广受进口国人民的喜爱，为了品牌效应，1959年，中国的猕猴桃成了新西兰具象征意义的基维鸟命名的基维果（kiwi fruit），又名奇异果。

中华猕猴桃

不过，对居住环境不严苛的猕猴桃在意大利、智利先后崛起，同新西兰抢夺市场。在经济全球化下，想要在瞬息万变的市场稳住脚跟，得有看家本领在手。俗话说，物以稀为贵。猕猴桃上的稀有特质就藏在野生猕猴桃的种质资源库里。

猕猴桃属（*Actinidia*）有 75 个成员，生活在中国的就有 73 个。枝、叶、花、果等形态多样，各具特色。其中，已经商业化的种类有中华猕猴桃（*A.chinensis* var *chinensis*）、美味猕猴桃（*A.deliciosa* var *deliciosa*）、软枣猕猴桃（*A.arguta*）和毛花猕猴桃（*A.eriantha*）。

中华猕猴桃与美味猕猴桃依靠个大风味好成了目前的主流。

软枣猕猴桃

眉县所属的陕西是国内最大的猕猴桃生产地，市面上极具性价比优势的徐香猕猴桃大多在这生产。徐香猕猴桃就是由美味猕猴桃培育而来的。

光滑无毛的软枣猕猴桃曾以“水果贵族”出圈。鲜果中维生素C的含量高达3 ~ 15毫克/克的毛花猕猴桃，是培育高维生素C品种的优质种质资源。这些各具特色的猕猴桃品种，都为世界各地的人们送去来自中国的美味。

美味猕猴桃

河南南阳西峡是屈原“扣马谏王”故事的发生地，也是野生猕猴桃资源最多的地方。话说，倘若千年前的屈原写一首《猕猴桃颂》，不知猕猴桃是否能大放光彩？

经过40多年的努力，我国利用丰富的种质资源培育出了近200个优良品种，红黄绿都有，特别具有红肉的猕猴桃是中国的特色品种，中国近三分之一的种植面积是红肉品种。

毛花猕猴桃

07 大有钱途

除了常见的主粮作物和畜禽品种，水产、蔬菜等经济动植物，也是我们身边不可或缺的物种成员。它们在丰富人类生活的同时，也创造了巨大的经济价值。

水产品

中国有句俗话说“靠山吃山，靠水吃水”，长江中的鱼类一直是沿江百姓的优质蛋白来源。进入现代社会以来，国民对于鱼类的需求与日俱增，纯靠野生捕捞不仅不能满足需求，还会带来许多生态问题，而通过人工繁育和养殖鱼类，就可以解决这一矛盾。

早在战国时期，中国人就开始尝试饲养鲤鱼。到了宋代和明代，中国对于草鱼、青鱼、鲢鱼、鳙鱼这“四大家鱼”的养殖积累了丰富的经验，养殖业已初具规模。到近现代，尤其是改革开放之后，中国的水产品已经逐渐从依赖捕捞，过渡到了以人工养殖为主。到 2020 年，全国养殖水产品总量达到了 5394.41 万吨，总产值突破万亿人民币。中国常年位居全球水产养殖总量榜首，并且已经成为全球唯一养殖水产品总量超过捕捞总量的主要渔业国。

中国发达的水产养殖业

大黄鱼是我国特有的地方性海洋鱼类，有“国鱼”的美誉，是我国养殖规模最大的海水鱼和 8 大优势出口养殖水产品之一，产值达到上百亿元，其中福建宁德的大黄鱼产量占到全国总产量八成，被誉为“大黄鱼之乡”。

野生大黄鱼由于生长时间长，肉质更细嫩，那么为什么还要大规模养殖大黄鱼呢?这要从大黄鱼的名字说起。大黄鱼的名字来源于它自身的特点，可能很多人并不知道，大黄鱼只有在晚上才会呈现出金黄的肉色，这也是渔民一定要在晚上进行捕捞的原因。它体内含有一种黄色素，如果见到光，会被分解，这种特点加大了野生捕捞的难度。

除此之外，即使在大黄鱼产地，野生大黄鱼也很难见到，种种因素都导致了大黄鱼“物以稀为贵”，价格要达到每千克 1600 元。

冷知识：大黄鱼为什么是黄色的?

左页图

长江上的水产养殖

野生大黄鱼

|李玉博　绘|

鱼货丰收的背后，有一个人不得不提，就是被当地人叫做“大黄鱼之父”的刘家富。1987年，刘家富带领团队用20尾人工培育的亲鱼进行人工催产试验，收集到1万多粒受精卵，最终育出100多尾鱼苗，实现了大黄鱼全人工繁育技术的突破。

这项突破让大黄鱼种群得到繁衍，也让更多的人品尝到这一美味海产。

刘家富虽然已是80多岁的老人，却依然活跃在育种一线，为渔民解决养殖中遇到的难题。最近几年，为了满足日益增长的市场需求，增加产量，很多水产养殖的密度大，鱼生病的概率也大大增加，尤其是白点病，一旦发病，整个渔排甚至养殖海区都会受到污染。现在，在宁德的海面上，大量的旧渔排已经改造，新网箱更深更大，鱼的品质也会更好。

降低养殖密度，同时提高苗种质量，才能够达到治本效果。来自厦门大学的徐鹏科研团队正在开展这方面的研究，他们正在试验一个大黄鱼新品系，有望达到抗病与提高生长速度的效果。

今天的中国，已经是世界第一大水产养殖大国。自主选育水产品种已经达到240个，核心种源自给率已经达到85%。

水产技术推广研究院刘家富

相比历史悠久的养殖鱼类，一些天然野生鱼种的命运要更为坎坷。以长江三鲜中的鲥鱼为例，鲥鱼比刀鱼和河豚个头大，属于大型鱼。它味道鲜美，位列长江三鲜之首，在 20 世纪 70 年代还和四大家鱼一样常见。但是由于种种原因，现在的长江里已经见不到鲥鱼的踪影。2003 年，为了填补市场空白，科研人员引进了美国鲥鱼，并培育成功，现在已经在全国很多地方得到推广，成为本地鲥鱼的“替补”。

位列长江三鲜之首的鲥鱼

还有哲罗鲑，它是一种大型冷水性鱼类，生性非常凶猛，可以长到 2 米多长，有“水中东北虎”的称号，曾经因被怀疑是“喀纳斯湖水怪”而名极一时。哲罗鲑生长速度快、抗病力强、肉质鲜美，具有很高的经济价值。但是到了 20 世纪 90 年代，在国内已经找不到野生哲罗鲑的踪迹，甚至已被列入《中国濒危动物红皮书（鱼类）》。好在，黑龙江水产研究所的科研人员历经近 20 年的深入研究，实现了哲罗鲑的人工繁殖，形成了规模化增养殖技术体系，让哲罗鲑成为我国鲑鳟鱼产业重要的土著养殖品种，现今已经培育出第四代哲罗鲑。

哲罗鲑

春天的油菜花
|李玉博　绘|

有了美味的食材，还要加上精心的烹饪，才能变为佳肴。中国美食中，无论是炒还是炸，都离不开油的辅助。如今，中国食用油生产已经一改过去的供应不足，不仅保证了数量，还走向绿色化、优质化、特色化、品牌化的高质量发展道路。

菜籽油就是中国食用油中最主要的一种，占到了国产油产量的40%。中国经过近10年努力，使传统的劣质高芥酸菜籽油变成了在大宗植物油中营养品质最好的低芥酸菜籽油。人体对菜籽油的吸收率很高，可达99%，因此它所含的亚油酸等不饱和脂肪酸和维生素E等营养成分能很好地被机体吸收。

油菜育种专家傅廷栋和他的团队，正致力于培育油菜新品种。他们培育出来的双低油菜具有两个优点，一个是油菜籽当中的芥酸含量低，另一个是影响油菜饼粕质量的硫苷含量低。芥酸的含量越低，菜籽中的油酸等不饱和脂肪酸的含量就越高，油的品质就越好。通过改良，他们将菜籽油的芥酸降低到1%左右，油酸从17%提高到60%，大大提升了菜籽油的质量。

菜籽油是中国主要的食用油

江西婺源正是盛产菜籽油的好地方。设立在婺源的菜籽油加工厂，利用超声波榨油设备实现了菜籽油的全营养精炼加工，这里生产出的菜籽油营养品质已经达到了橄榄油水平。而婺源因油菜花产业的兴盛，带动了旅游业，振兴了乡村，农民的收入也因为旅游业得到了大幅提高。

江西婺源盛开的油菜花

关于油菜那些你不知道的事

健康的饮食，不能总是大鱼大肉、高油高糖，经常吃些蔬菜，对身体大有益处。

蔬菜生产在我国有悠久的历史。在西安半坡新石器时代遗址中，发现一个陶罐里保留有芥菜和白菜一类的菜籽，时间大约在6000年前。据甲骨文推测，大约在3500年前，我国劳动人民已开始围篱种菜。春秋战国时代，随着城镇的发展，我国已有了专业种菜的园圃，汉代开始出现利用人工温室种菜的情况。

到了今天，蔬菜已经成为我国出口最多的作物，年出口量达1291万吨。同时，我国也是世界上栽培蔬菜种类最多的国家，总数大约有160多种。

蔬菜种植

亩产八万斤？快进来看看这是个什么品种？

黄瓜种植

在蔬菜中，总少不了黄瓜的身影。它可炒可拌可炖汤，还可以客串一下爽口的水果“身份”。中国人对于黄瓜可以说是无比喜爱，到 2020 年国产黄瓜的种植面积和产量都达到了世界第一。

而实际上，中国人实现“黄瓜自由”也不过是近十多年的事。在此之前，中国种植的本地黄瓜产量小、抗病弱，不能和国外品种抗衡，农民宁可多花钱买国外的黄瓜种子。好在，中国的育种科研人员攻克难关，培育出多个刺瘤型的黄瓜新品种，其中一种顶花带刺黄瓜，备受消费者青睐，在市场占据绝对的主流，份额达到 80% 以上。最受欢迎的一个刺瘤型种子曾经一年销量 30 万斤，种植面积达到 100 万亩。

小小种子，历经市场的洗礼，折射出的是中国农业高质量发展的华丽转型，伴随中国农业的现代化历史进程，种业振兴的时代大幕已经拉开！

第四章

把根留住

在农业发展历程中，人口的激增，让全球的粮食供应不断面临严峻的考验。粮食生产要与社会发展同步，种子在其中发挥着无与伦比的力量。

种质资源是一个国家的关键性战略资源，谁占有的种质资源越丰富，谁的生物技术开发潜力就越强。放眼世界，每个农业强国，都需要拥有强大的种质库，才能在全球站稳脚跟。

因此，对种类繁多的动植物品种资源进行保护和研究，保留丰富的种质资源，是科学家寻找和培育农业新品种的不二法门。这也是保障中国粮食安全的根基。

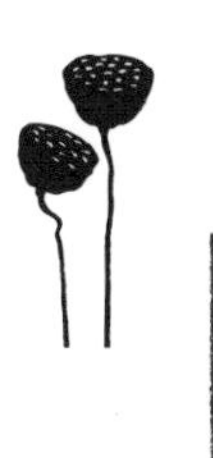

01 让种子更长寿

人类驯化物种，让植物、动物从山野之中，走向自家后院，并且不断地在驯化的物种之中，培育挑选优良的品种，让玉米更甜、水稻更高产、家畜质量更好。然而，想让这些品种的优良特性一代一代地保存下来，就要学会“把根留住”。

保留种质资源很重要

古莲子培育出的荷花
|李玉博　绘|

自然界中，有些植物天生就是“留种高手”。

每年盛夏，中国科学院植物研究所国家植物园南园的荷花池，都吸引不少游客前来欣赏、拍照。游客面前的这些荷花，看上去平平无奇，但培育出它们的种子，至少来自几百年以前，是真正的时间穿越者。

这些莲子的发现时间，最早可以追溯到19世纪末。生活在辽宁大连普兰店的居民，经常能在干涸的湖底发现莲子。他们用混有这些莲子的河泥砌墙，发现每到下雨的时候，有些墙面上竟然出现莲子发的芽。陆续地，普兰店的古莲子引起了全世界学者的注意，对古莲子年代的测定结果也是各不相同。

20世纪初，日本植物学家大贺一郎在“满铁教育研究所”调查时，根据普兰店古莲子出土地的地况推测，认为古莲子至少在土壤里沉睡了400年以上；美国放射化学家威拉得·利比使用碳-14测年法，推测普兰店古莲子的年龄有1040年。

莲子具有致密坚硬的果皮

普兰店古莲子的具体年龄，至今没有准确测定的结果，但可以确定的是，最年轻的古莲子也要来自400年前。1955年，中科院植物所成功地用普兰店古莲子培育出盛放的荷花。人间斗转星移数百年，但在南园欣赏到荷花，却与古人看到的无异。

是什么让古莲子如此“长寿”？莲子的果皮功不可没。在显微镜下，莲子果皮有5层之多，而且结构非常致密坚硬，形成了一个稳定的封闭环境，可以最大限度降低水分和空气的交换，让莲子处于非常低的生理代谢水平。

国家植物园南园

请勿触摸
席子
席子
木板
草
红烧土碎块和黑灰
等拌成的混合物
窖壁挖好后用火烘干
夯土层

另外一个“长寿”条件，就是古莲子的埋藏环境。普兰店古莲子的发掘地在地下0.6 ~ 1米的泥炭层，这里温度低，比较干燥，微生物繁殖条件也一般，非常适宜种子保存。

不过，自然界中能与莲子比肩的长寿种子并不多，大部分种子的长期保存，需要人类的干预。

早在人类刚刚从采集、狩猎转向农业生产的新石器时代，贮存就与农业的诞生一同出现了。在中国北方，土质干燥、地下水位低，最早出现的贮藏种子的方法是使用地窖贮藏，利用地下温度低且稳定这一特点，让种子保持活力。在有7000多年历史的河北武安磁山遗址，考古学家发现了上百个窖穴，不过单个窖穴的规模都比较小。公元前4世纪，欧洲的伊比利亚半岛西南部也出现了贮藏种子的地下坑，结构也非常简单。随着人类经济、技术和文化的不断发展，地下窖也不再是挖个小土坑的规模，逐渐出现了许多巨大的地下仓城。目前为止，中国考古发掘中发现最大的地下粮仓是隋唐时期的含嘉仓，位于河南洛阳，占地45万平方米，有400多个窖穴，还配备了管理区、城墙，有重兵把守。这一时期，中国甚至出现了“窖匠”这一职业，可见地窖当时的火爆程度。

即使是在冰箱普及的今天，北方农村很多家庭还有地窖，不过现代的地窖很少用来贮藏种子，而是用来贮藏食物。

含嘉仓模型

地窖虽然有自然低温的特性，但也达不到种子长期贮藏所需要的零下 10 摄氏度左右的温度，聪明的古人于是想出了不少辅助方法。隋唐时期含嘉仓的地窖，就出现了用火烤窖地、铺木板或者谷糠来防潮的方式。中国西汉的《氾胜之书》里，还记载了一种用草药辅助贮藏种子的方法："取干艾杂藏之，麦一石，艾一把，藏以瓦器竹器，顺时种之，则收常倍。"这里的"艾"指的是我们常说的艾蒿（学名：*Artemisia argyi*），用艾蒿驱虫是中国古代就有的风俗习惯，早在南北朝时期的古籍《荆楚岁时记》里，就记载了古人有端午在门前悬挂艾蒿的习俗："采艾以为人，悬门户上，以禳毒气。"有趣的是，用艾蒿驱虫也许并不是古人的迷信，现代科学研究发现，艾叶精油对驱除常见的粮食害虫如玉米象和杂拟谷盗确实有良好的效果。

除了利用草药让种子不易生虫，古人还发现暴晒也有利于贮藏种子。东汉的王充在《论衡》里写道："藏宿麦之种，烈日干暴，投於燥器，则虫不生。"北魏末年的农书《齐民要术》里记载了一种"热进仓"窖麦法："窖麦法，必须日曝令干，及热埋之"，是说把种子晒干后，要趁热就收起来。2000 多年前就流行的暴晒法、热进仓，一直到今天的农村也在沿用。其实，高温处理经验的背后也有其科学依据。

科学家通过实验发现，暴晒可以有效降低种子的水分，如果日晒温度能达到 50 摄氏度以上，还可以杀死大部分害虫。而热进仓则可以在降低虫害的同时，提高种子发芽率。

中国汉代农学家
氾胜之塑像

右页上图
小麦进仓贮存前暴晒

右页下图左
民间在门户上挂艾草的传统习俗

右页下图右
北魏农书《齐民要术》

齊民要術卷第一
後魏高陽太守賈思勰撰
耕田第一
收種第二
種穀第三
耕田第一
周書曰神農之時天雨粟神農遂耕而種之作陶冶斤斧爲耒耜鉏耨以墾草莽然後五穀興助百果藏實世本曰倕作耒耜倕神農之臣也

捨本逐末賢哲所非日富歲貧饑寒之漸故商賈之事闕而不錄花草之流可以悅目徒有春花而無秋實匹諸浮偽蓋不足存鄙意曉示家童未敢聞之有識故丁寧周至言提其耳每事指斥不尚浮辭覽者無或嗤焉
齊民要術序

高温脱水杀菌虽好，但不是所有植物的种子都受得了。有一些植物的种子非常娇贵，温度高了低了，湿度大了小了都不行，尤其是不能脱水，一旦含水率低于某个临界点，种子就会丧失活力，并且就不能发芽了。这类种子学术上有个很有个性的名字——顽拗性种子。一般来说，顽拗性种子来自水生或者热带植物，比如茭白、椰子、杧果，但也偶尔有温带植物的种子具有顽拗性特征，比如看起来就很“不娇贵”的板栗，其实是典型的顽拗性种子 。不得不佩服古代先民的是，即使是这么难伺候的种子，古人们仍旧想到了有效的贮藏办法。距今 1500 年前的《齐民要术》里就记载了一种针对栗子的沙藏法：“栗初熟出壳，即于屋里埋著湿土中。埋必须深，勿令冻彻……至春二月，悉芽生，出而种之。”

这个记载对沙藏法的描述不够具体，但实际操作起来很简单，就是把成熟的种子和沙子混合，就大功告成了。

杧果种子

长出幼苗的椰子种子

有效的方法必然经久不衰。沙藏法一直流传至今，现在农村里除了用它保存板栗，还会贮存其他食物，比如萝卜、土豆这些根茎类蔬菜。从科学的角度来看，沙藏法的主要优势是沙子具有透气性、透水性，如果在贮藏过程中过于干燥，可以及时给沙子浇水，保持种子的湿度。

古代的种子贮藏方式可谓是五花八门，然而进入现代社会，主流的种子贮藏就显得比较单一了。一粒现代的种子想要长期保存，便逃脱不了进“仓”的命运。这是因为，科学家通过大量试验发现，想延长种子寿命，最关键的因素只有两个：温度和湿度。

现代的通风、除湿、控温等技术手段，足以让人类改变环境条件，建立恒温、恒湿的种子仓库。

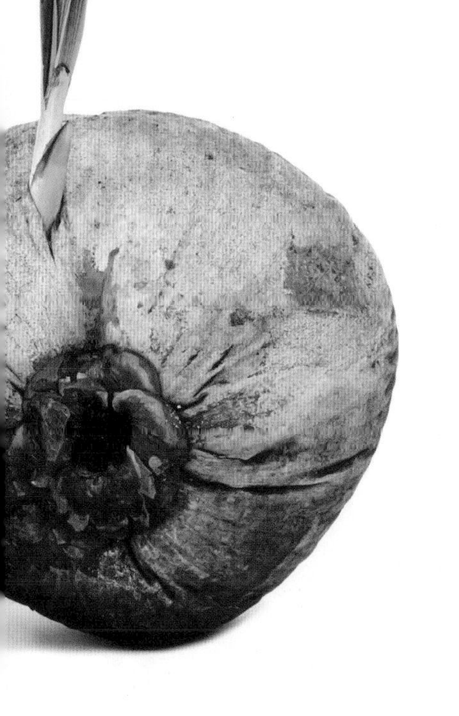

茭白种子

左页和右页图

贮藏种子必须控制好温度和湿度

不过，即使对今天的人类来说，长期保持种子仓库的低温运转，能源负担也很大。尤其是一些经济条件不好，甚至电力都不稳定的国家，急需更省钱省力的种子贮藏方法。让种子长寿主要看温度和湿度，既然维持低温这么贵，那能不能降低湿度呢？20 世纪 80 年代，中国科学院植物研究所和英国雷丁大学合作，在降低种子含水量的方向开始了探索。在此之前，学界普遍认为种子含水率最低也要保持在 5%～7%，但英国雷丁大学的埃利斯（Ellis）发现，同样温度下，芝麻种子含水率从 5%降到 2%，寿命反而延长了 40 倍，打开了超干种子贮藏的探索之门。

中国的研究更接地气，中科院植物所的研究员们撰写了一篇名为《超干种子贮藏技术降低基因库成本》的论文，发表在国际著名学术期刊《自然》上，肯定了超干种子贮藏技术不需极度低温就能大幅延长种子寿命，提高种子活力，性价比很高。

但是，种子也不是越干越好。后续不少研究发现，当种子含水率过低时，也会让种子活力下降。至于不同种子的最佳含水率是多少，未来还需要更多的研究来回答。

02 没有种子，如何保存？

全世界 96% 的作物，能以种子的形式保存下来。然而，许多人类餐桌上的食物都没有种子，或者有种子，但很难以种子的形式保存下来。

说到无籽，对植物来说是“断子绝孙”，但对广大消费者来说，吃起来却又美味又方便。比如，深受大家喜爱的香蕉就没有种子，准确来说是没有成熟的种子。其实，香蕉祖先是有种子的，不仅有，颗粒还很大，密密麻麻的，保证吃一口就能硌牙。显然，人类不会喜欢吃这样的果实。于是在长期的驯化、栽培和香蕉基因突变等复杂的过程后，出现了一种三倍体香蕉，它有一些很小很软、没有发育成功的种子，多数为种皮，还保留在果肉里，但不影响口感。同样，无籽西瓜也是三倍体，种子发育情况也是如此，果肉里有白色的种皮。

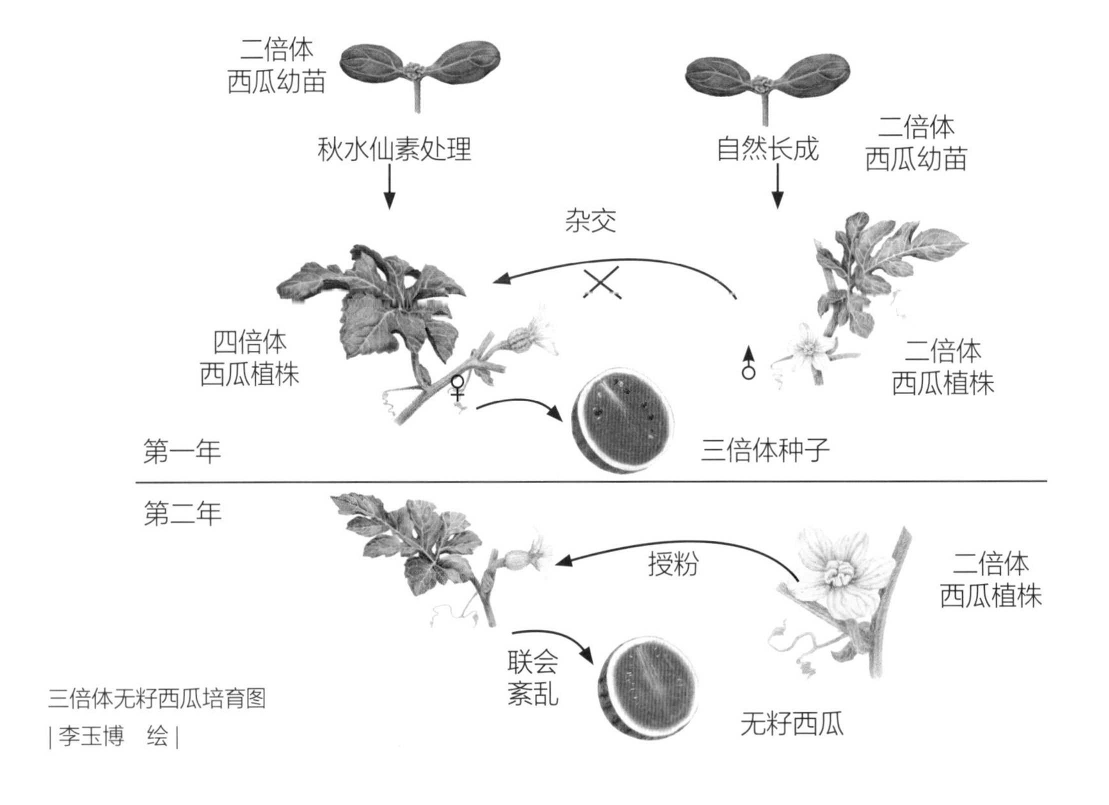

三倍体无籽西瓜培育图
| 李玉博　绘 |

并非所有无籽水果都是三倍体，19 世纪开始风靡全球的无籽脐橙就是两倍体。据说，1820 年前后，在巴西的某棵橙子树上的枝条发生了基因突变，它结出的橙子不再有籽，味道更甜美，而且顶部出现了像人类肚脐一样的小小突起。解剖开来看，这个像肚脐一样的结构，其实是被包裹在大橙子顶部的小橙子。这场基因突变，没有让脐橙变成了三倍体，而是让它雌蕊的子房不经过受精就能发育成果实，专业术语叫做单性结实。

还有一类作物，虽然有种子，种子也能用来繁殖，但在农业生产中却很少用种子做有性繁殖，而是采取较为低级的“无性繁殖”模式。它们中最典型的代表是马铃薯。马铃薯是茄科植物，地面上的部分会开花、结果，果实长得像青色的小番茄，但我们食用的部分却不是马铃薯的果实，而是深埋在地下的块茎。而且，几千年来，马铃薯种植使用的也是块茎，而非果实里的种子。

香蕉果肉中能看到种子的痕迹

块茎发出的马铃薯芽

马铃薯生长周期

不过，用块茎繁殖纯属是无奈之举，它成本很高，种一亩地需要 200 千克块茎，用种子的话只需要 2 克 。而且，块茎繁殖是无性繁殖，也就是说出来的后代和母本基因一模一样，这样一来，马铃薯种植产业的基因多样性就会很小，一旦发生微生物感染，就会大面积传染，造成非常大的损失。

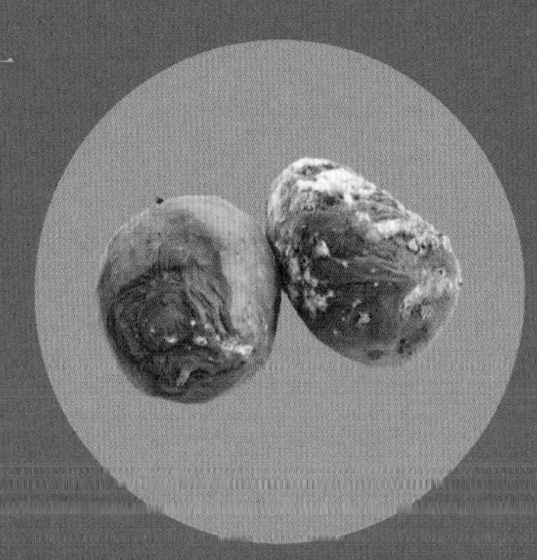
霉变的马铃薯

事实上，马铃薯“疫病”确实给人类带来过惨痛教训。19 世纪 40 年代，以马铃薯为生的爱尔兰人发现他们的主粮生病了，马铃薯还没来得及收获就腐烂在地里。真凶是一种名为致病疫霉的真菌，但彼时人们对真菌还不够了解，只能眼睁睁地看着马铃薯大量减产，引发大饥荒，5 年时间就饿死了上百万人。而真菌能传播得这么快，也是因为当时农业生产中种植的马铃薯绝大多数为同一个品种，基因背景过于单一，面对病菌，没有任何抵抗力。

那么,为什么非要用无性繁殖呢？用种子做有性繁殖,增加基因多样性难道不可以吗？对野生植物来说可以，但对农作物，尤其是要商业种植的农作物来说，确实需要尽量避免有性繁殖。人类一代一代驯化、培育农作物，就是为了保存某些固定的特性，比如高产、味道香甜，这些特性的保存就要依靠基因遗传。而马铃薯作为四倍体作物，比普通的两倍体作物的遗传过程复杂很多，在同一个遗传位点上，马铃薯有四个基因，其中两个来自父本，两个来自母本，有性繁殖过程中会出现多种组合，也就是说，后代可能会出现很多种不同的特性，使得品种选育花费的时间更长，不利于在现实生产中应用。

事实上，目前商业化的大部分果树和薯类作物都选择了无性繁殖，就是为了保证我们每次在超市买到的产品，都能有一脉相承的口感和品质。

然而，无性繁殖意味着，想留下优秀种质资源，就要绕开“让种子更长寿”这条思路，于是衍生出了“植株保存”和“离体保存”这两种方式 。

植株保存，顾名思义，是指将整株植物作为保存对象。整株植物这么大体积，保存在哪里呢？除了在植物的原生境建立保护区，还有一种办法是圈块地种起来，学名叫种质资源圃 。截至 2022 年 8 月，中国已经建立了 55 个不同类型的种质资源圃，分布在全国各地。在种质资源圃里，除了无性繁殖的作物，还会保存产生顽拗性种子的作物。这种顽拗性种子可谓是娇贵得很，冷不得、干不得，即使是在适合的温度、湿度下保存，种子活力也就只能维持 1 ~ 2 年。所以，最好的办法还是直接种植，在种质资源圃里世代延续它的种质资源。

维持好一个种质资源圃，需要下很大的功夫。遇见多年生的植物还好说，只需要监测植株的活性，对有问题的植物要及时更新、复壮。要是遇见一年生的植物，就得年年繁育。比如水生植物菱角，它的果实属于顽拗性种子，且又是一年生植物，科研工作者每年都需要去采集菱角果实，贮藏在水里，等第二年再取出来种植，工作的繁复程度可想而知。如果某些品种的样本是从国外引进的，还得先在种质资源圃的隔离圃里进行检疫、消毒、种植，要隔离观察 1 ~ 3 年，确定没有传播作物疾病的风险后，才能真正开始在种质资源圃里种植。

而且，种质资源圃的选址也很讲究，比如椰子、枇杷这类原产于热带的水果，种质资源圃就不能选在北方。因此，为了建好一个种质资源圃，前期需要在备选地进行多方面评估和调研。

右页上图
广东种质资源库

右页下两图
菱角

庫植物展示

如此耗费人力物力，但种质资源圃的资源保存效果却不能保证万无一失，主要是因为种质资源圃处在野外环境，天灾、虫害对种质资源都影响很大。历史上，出现了不少种质资源圃毁伤事件。1984 年，美国佛罗里达的柑橘圃，受到柑橘溃疡病侵袭，导致五分之一的种苗死亡。1993 年，位于郑州的国家种质葡萄、桃资源圃经历了一场早霜，200 多份葡萄资源的地上部分全部冻死。

由于方案 A——种质资源圃不能保证绝对安全，就诞生了备份的方案 B——离体保存。为了节省空间，离体保存的材料一般选择植物的茎尖、胚胎、花粉、愈伤组织这种虽然体积很小，但包含遗传信息，且再生能力强的部位。相比人类，植物的再生和修复能力要强得多，哪怕是只切下来一小段茎尖，也能发育成完整的植株，对人类来说，这几乎相当于用一只手，就能培育出一个人。而正是因为这种超强的再生能力，植物种质资源的离体保存才成为可能。

目前主流的离体保存有两种：试管苗保存和超低温冷冻保存。

试管苗保存就是通过降低培养温度或者在培养基中添加生长抑制剂等方法，让植物在试管等容器中尽可能缓慢地代谢、生长。但缓慢并不意味着完全停止，因此长期保存还是需要超低温冷冻。超低温冷冻保存一般是指采用液氮，在零下 196 摄氏度温度条件下，保存植物的茎尖等材料。植物组织经过一系列的防冻处理后，代谢基本停滞，不仅能保持遗传基因不变，解冻后还能重新生发植株。

左页图
柑橘溃疡病

试管苗

提及种质资源，大家比较容易想到植物种子，但广义上的种质资源还包括动物和微生物，因此动物的精液、血液也是重要的种质保存对象。近年来，中国更完整、更成体系的种质资源保护系统正在建立。2020 年 9 月，国家海洋渔业生物种质资源库投入使用，可以保存 35 万份种质资源。2021 年 12 月，广东省畜禽种质资源库收集了 45 个畜禽品种近10万份种质资源，其中仅猪的资源就有38813份。在吉林，国家食用菌种质资源库收集了1.1万余份野生菌种资源，为中国食用菌产业提供了宝贵资源。

在科学和技术的进步之下，没有种子的“种”，也拥有了成为生命胶囊的机会。

贮存牛冻精的液氮罐

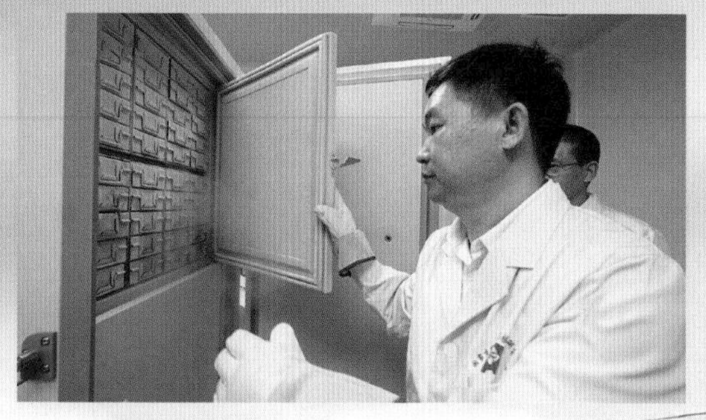

广东省畜禽种质资源库

03 种质库

世界上第一座现代化的种质库，是 1958 年建立在美国科罗拉多州柯林斯堡的国家种质库（1988 年翻新后，更名为美国国家基因资源保护中心）。

即使以生活在 21 世纪的人的眼光来看，柯林斯堡的国家种质库也像是一座“魔法建筑”。它的西边是一座巨大的马齿水库，水库面积 634.3 平方千米，相当于 12.5 个北京西城区那么大，一旦大坝决堤，种质库所处的柯林斯堡会在 30 分钟内被洪水淹没，但种质库本身却可以完好无损。虽然这栋建筑的外表看上去平平无奇，但内部的墙体都是强化混凝土，可以抵御洪水、龙卷风、地震等一系列自然灾害，为了应对自然灾害可能带来的电力中断，种质库里还配备了发电机。即使洪水进入了建筑内部也不必担心，因为贮藏种子的冷库高出地面 3 米左右，可以有效抵御一般性的洪水 。目前，这里储备着来自全世界 12000 多种植物的 60 万份种质资源。

60 多年过去后，全球建立了大大小小的种质库 1700 多座。其中较为有名的是位于挪威斯瓦尔巴群岛的“末日种质库”——斯瓦尔巴全球种质库。这里之所以叫作“末日种质库”，是因为它的设计似乎真的是为了应对世界末日。种质库的入口在半山腰，距离海平面 130 米，即使全球的冰川融化，它也不会受到洪水威胁。种质库的主体部分藏在山的内部 100 多米深处，即使发生了核战或小行星撞地球，它也能躲过一劫。这里可以存放 450 万个样本，每个样本大约能保存 500 粒种子。目前，这里已经收到来自全球的 117 万份种子备份，只使用了 26% 的容量 。

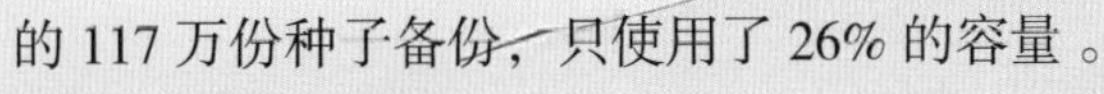

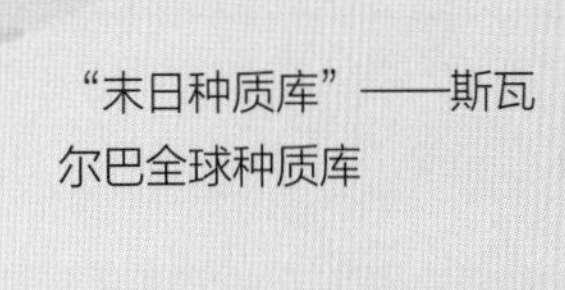

“末日种质库”——斯瓦尔巴全球种质库

或许，末日种质库听上去有几分杞人忧天，毕竟很多国家都有自己的种质库，但事实上，世界末日虽然没有到来，末日种质库已经派上了用场。2015 年，末日种质库建立仅 7 年，它就收到了第一次取种请求。这份请求来自叙利亚，由于长达 4 年的内战，位于叙利亚北部的阿勒颇种质库在战火中损毁非常严重，许多适合在叙利亚生长的农作物品种遗失。幸而战争前，叙利亚就已经在末日种质库存放了 325 箱种子备份。2015 年，叙利亚的研究人员申请提取其中的 130 箱，用于重建本国的种质库。

中国也很早就意识到种质库的重要性。1986 年，中国的第一座国家种质库建成，可以容纳 40 万份样本，整个库的温度常年保持在零下 18 摄氏度。不过它的主要功能就是在低温、干燥条件下保存种子，跟现代化的种质库还有一定距离。没有机械化的取样设备，研究人员时常要穿着棉衣，登梯爬高，而且在低温环境下，他们一次最多只能工作 2 小时，时间一长，手脚都会冻得僵硬。为了监测库里保存种子的活力，每隔 5 ~ 10 年，研究人员还要取出种子，做活力监测，若发现有活力降低的种子，需要及时安排繁殖更新。而种质库里保存着近 40 万份样本，工作量很繁重。

要说现代化种质库，还得看中国 2021 年新建成的国家作物种质库。相比旧库，它得到了全面的升级。首先，新库的容量高达 150 万份，是旧库的 3 倍多，而且种子的贮存条件也大变样了，每份种子都有二维码标识，记录了完整的身份信息，从封装、贴标签、种子出入库全都由机器人来完成，工作人员只需要通过电脑系统下达指令，一瓶种子就可以快速自动到达指定的存放位置。新库的架子有 10 米多高，全靠堆垛机在其中穿行。更神奇的是，监测种子的活力也不再完全依赖人工了，新库里有一组电子传感器，可以感知种子的气味，判断种子的代谢变化。

新库不只能保存种子，马铃薯、香蕉这类无性繁殖作物，在这里也能以试管苗的形式贮存，还可以进入到超低温库，在零下 196 摄氏度的环境里长期休眠。

右页第一行图

1984 年建成的国家作物种质库

右页第二行图

2021 年建成的国家作物种质库

右页第三行图

种子入库的通道

右页第四行图

堆垛机在贮藏架上提取和存放种子

中国农业科学院
国家作物种质库
NATIONAL CROP GENE BANK
CHINESE ACADEMY
OF AGRICULTURAL SCIENCES

国家作物种质库
ational Crop Genebank

和美国柯林斯堡的国家种质库一样，中国的国家作物种质库在设计上也下了一番功夫。建筑本身能抗 8 级地震，种子架上也有防震措施，以免架子倒塌造成种子样本破损。种质库还配备两套供电系统，即使两条电路都断电了，还可以外接柴油发电机供电。但这还不够，以防万一，还在青海建立了复份库。国家种质库的每一份种质资源都有三个备份，两份存在北京的国家种质库，一份存在青海的复份库。

沉睡在国家种质库中的很多物种，在田间或者野外已经销声匿迹。但在某些机缘下，它们会被“唤醒”。2007 年，陕西省宝鸡市千阳县种子管理站，开始寻找《千阳县志》里记载的一种明清时期的贡米——桃花米，它的米粒外有一层桃红色的皮，色如桃花，口感胶黏、风味十足。曾经，千阳县千河两岸，种植着大面积的桃花米，但是 20 世纪 80 年代后，由于水稻产业结构的调整，低产的桃花米被其他品种替代，这种珍贵的品种在千阳县几乎绝迹 。在千阳县当地多方寻找无果后，研究人员得知，在国家种质库里保存着世界上最后的 100 多克桃花米稻种。经过多方协调，他们获得了 50 粒珍贵的原种，成功地栽培出了跟史料中记载一致的千阳桃花米。消失了几十年的珍稀品种，又重新回到田间，来到了人们的餐桌上。在国家作物种质库，失去的味道又复现的例子还有很多，云南的“遮放贡米”也曾在当地消失 40 年，后来又从国家种质库引回原种，重新繁育种植，现如今已经形成近 4 亿元的产业 。

西南野生生物种质资源库保存了大量的种质资源

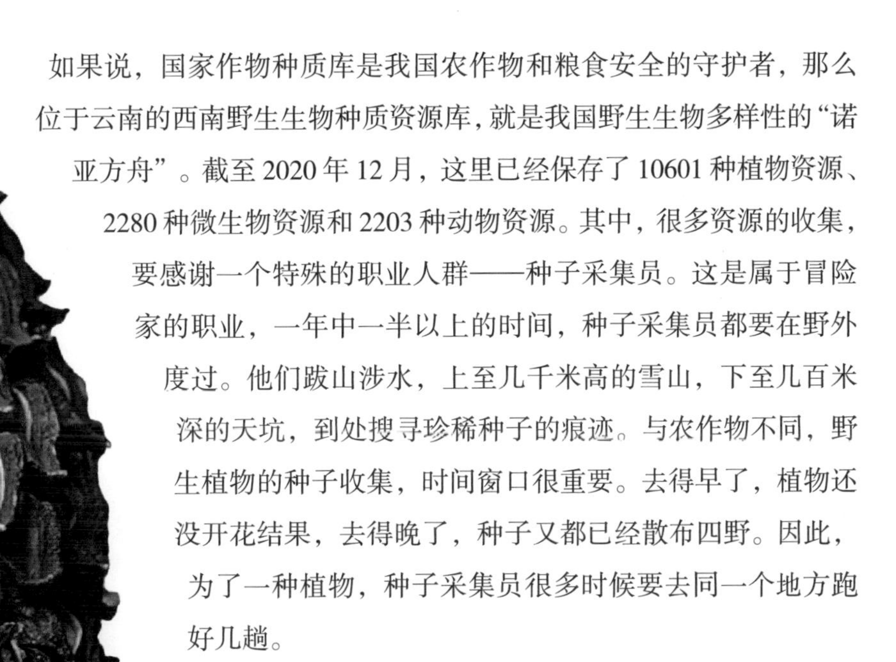

如果说，国家作物种质库是我国农作物和粮食安全的守护者，那么位于云南的西南野生生物种质资源库，就是我国野生生物多样性的“诺亚方舟”。截至2020年12月，这里已经保存了10601种植物资源、2280种微生物资源和2203种动物资源。其中，很多资源的收集，要感谢一个特殊的职业人群——种子采集员。这是属于冒险家的职业，一年中一半以上的时间，种子采集员都要在野外度过。他们跋山涉水，上至几千米高的雪山，下至几百米深的天坑，到处搜寻珍稀种子的痕迹。与农作物不同，野生植物的种子收集，时间窗口很重要。去得早了，植物还没开花结果，去得晚了，种子又都已经散布四野。因此，为了一种植物，种子采集员很多时候要去同一个地方跑好几趟。

采集来的种子，要经过千挑万选，以及干燥、X光检查等一系列处理，才能进入西南野生生物种质库，在这里度过漫长的岁月，等待被唤醒的机缘。

水里游的，天上飞的，地上跑的，土里种的，我们全都有！

种子采集人员经常需要深入野外进行冒险作业

国家作物种质库属于长期库，温度常年保持在零下 18 摄氏度，种子的寿命可以长达 50 年乃至上百年。除非特殊情况，长期库的种质资源一般不会动用。种质资源的评价、分发和利用，一般由中期库来完成。中期库的温度一般在 0 ~ 5 摄氏度，种子寿命一般在 10 年以上。此外，还有温度在 15 ~ 20 摄氏度的短期库，用于临时存放种子。

目前中国共有 1 个长期国家种质库、1 个复份库、15 个中期库，形成了完整的种质资源保护体系。

种子的新家——全新种质库上线啦！

国家级大冰箱，超强低温锁鲜！35 年活力依旧！

04 将基因永久备份

即使是最坚固的种质仓库，也难保永世不毁，但有一种方法却可以给物种永生的机会——基因永久备份。

随着生命科学技术的发展，基因已经不再是写满密码的天书。利用测序仪，就可以把藏在细胞内的基因序列解读出来。当然，在普通人眼里，写满碱基 AGCT（A 为腺嘌呤，G 为鸟嘌呤，C 为胞嘧啶，T 为胸腺嘧啶）的基因序列还是天书，但到了科研人员手中，它就是充满巨大潜力的宝库 。而将基因信息储存下来，就相当于把完整的“生命配方”记录在案，等未来克隆技术更加成熟，说不定可以将远古的物种带回当今世界，也可以把今天的物种，带去遥远的未来。

在这种前提下，20 世纪 80 年代前后，发达国家就意识到了留存基因信息的重要性，美国国立生物技术信息中心（National Center for Biotechnology Information, NCBI）、欧洲生物信息研究所（European Bioinformatics Institute, EBI）、日本 DNA 数据库纷纷建立 。这三大基因库彼此之间互通有无，DNA 序列的测序、更新和补充都是公共资源，全世界的科研人员都可以获取。

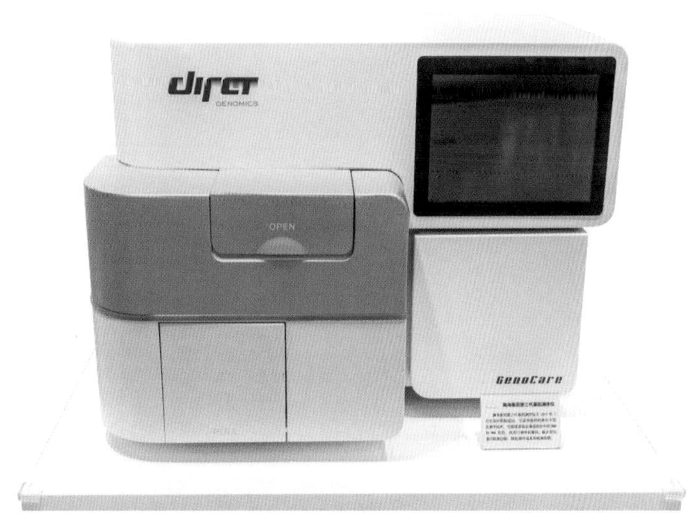

基因测序仪

2016 年，随着深圳的国家基因库（简称“基因库”）建成，中国也加入了国际基因数据库的联盟，为全世界的科研人员提供免费的基因数据资源。相比其他国家的基因库，我国基因库的综合性更强，不仅有生物信息数据库，还有储存人类遗传资源样本的生物样本库和动植物资源库 。

基因库存储的生物信息数据，并不完全来自各地的科研工作者。事实上，基因库自身就是“测序狂魔”。基因库一年最高能测 2.5 万万亿碱基对，为什么能这么快？还是要感谢机器人。基因库里的数字化平台配备了 150 台基因测序仪，从样品准备、测序，到测序数据的交付，都实现了自动化操作。机械臂可以 365 天，每天 24 小时工作，自然效率奇高。

测序快，意味着产生数据的速度也快，这么多数据存在哪呢？基因库的四层就是“超级大脑”——基因数据存储服务器。满满一层的机房，可以储存 90PB（$1PB=1.1259\times10^{15}$ 字节）的数据，相当于 1 亿部高清电影。而这些基因数据的存储安全，也经过细致的考量。基本的供电、防震、防盗不必说，基因库的数据机房还要考虑温度问题，因为这里长期维持着机器高强度、高密度地运行，会产生巨大热量，为了防止过热带来的运行隐患，数据机房里也配备了强大的制冷系统。而且，基因库的选址也有讲究。它三面环山，像梯田一样的国库建筑的每一层，都可以依靠山体结构作为支撑，非常稳固，也让储存在这里的数据更加安全。

利用海量的基因数据，基因库搭建了国家基因库生命大数据平台（China National Gene Bank Database, CNGBdb）。这个平台整合了全球各大基因库中的数据，让全球的科研工作者，都可以在这里一站式搜索。

平台还提供了免费的计算工具，让科研工作者进行数据分析。为了支持全球科研工作者的计算量，基因库的“超级大脑”具有高性能计算能力，1 秒能完成 700 万亿次浮点计算，这是什么概念？假设人类大脑 1 秒钟可以算 1 次，全国人民齐上阵，连算 6 天，才能抵得上超级大脑 1 秒的计算量。

上图
中国国家基因库

下两图
科研团队全力驱动着种业的飞速发展

利用基因库的平台，不少科研工作者进行着植物、动物性状特点的研究，了解疾病的规律，甚至培育超级农作物。在虚拟的平台上，永久备份下来的基因，开始焕发生命的光彩。

第五章

种与未来

今天的中国农业虽然已经取得长足进步，但与全球农业发达国家相比，仍然身处产业不强、竞争力较弱的境地，一些产业还缺乏核心育种技术。

这正是千千万万育种工作者努力攻关的方向。

从科研到企业，从种子到种业，要赶超世界先进水平，压力不容小觑，但只有创新才能发展，不惧博弈才能胜出。

种子堪称农业的“芯片”

种业的发展离不开技术创新

01 物种“芯片”竞赛

提起“卡脖子”，大概许多人都会对美国无理制裁中国“中兴”“华为”的事件记忆犹新，而事实上，受卡脖子的领域不只是电子芯片，还有“种质芯片”。你或许从未意识到，直到21世纪初，中国主要的经济动物纯系种源，有80%以上都需要从国外引种获得。

比如，我们快餐店常用的白羽肉鸡，种源都来自外国企业。这些企业给自己的白羽肉鸡建立了无比复杂的杂交体系，使外人几乎无法破解。一个完整的白羽肉鸡产业链自上而下被分成曾祖代种鸡、祖代种鸡、父母代种鸡、商品代肉鸡。

国外公司往往只提供祖代鸡，但是只有曾祖代的鸡可以留种繁殖。父母代产生的商品代鸡只能产蛋或者肉用，不能留种，如果繁育，品种会发生严重分离和退化。

快餐店的鸡肉制品

这些祖代鸡主要来自该行业的两家主要公司：安伟捷（Aviagen），为德国 EW 集团所有；科宝（Cobb），为美国禽业巨头泰森（Tyson）旗下公司。作为完善的家禽育种集团，它们旗下还有蛋品加工厂、食品和饲料添加剂厂、疫苗厂、无特定病原（SPF）农场等完善的产业链。

这些行业巨头拥有超过半个世纪的育种历史，德国 EW 集团自 1959 年就开始蛋鸡育种；泰森早在 1943 年就建设了养殖场，并于 1958 年实现了白羽肉鸡产业链一体化。

白羽肉鸡产业链一体化

我国为了获得这些生长快、回报快的肉鸡，就必须从国外进口。对于这些进口的白羽鸡来说，一只祖代白羽母鸡可繁衍 5000 只左右商品雏鸡。引进的祖代种鸡的饲养周期一般为 66 周龄，所以每年都要进口更新的祖代种鸡。

不仅如此，进口的原种鸡苗，由最初的每套 5 美元已经涨到目前的 37 美元，还经常携带各种种源性疾病，给中国带来极大的生物安全隐患。

左页图

白羽肉鸡产业链一体化

中国为了冲破这种垄断的被动局面，国内的育种专家们积极开展研发工作。2019 年，农业农村部启动国家畜禽良种联合攻关计划。2021 年，国家畜禽遗传资源委员会审定通过福建圣泽生物科技发展有限公司、东北农业大学和福建圣农发展股份有限公司联合培育的“圣泽 901”，中国农业科学院北京畜牧兽医研究所和广东佛山市新广农牧有限公司联合培育的“广明 2 号”，北京市华都峪口禽业有限责任公司、中国农业大学和思玛特（北京）食品有限公司联合培育的“沃德 188”3 个快大型白羽肉鸡品种。

“沃德 188”白羽鸡

“圣泽 901”白羽鸡

“广明 2 号”白羽鸡

2022年，中国农业科学院白羽肉鸡研究中心成立，我国逐渐走向实现快大型白羽肉鸡品种自主化的新征程。这标志着中国肉鸡市场将打破外国公司垄断的局面，拥有自主培育的快大型白羽肉鸡品种。

除了肉鸡，蛋鸡同样经历了从打破垄断到自主研发的阶段。

20世纪90年代中期，国外的蛋鸡品种“海兰”，几乎占据中国蛋鸡养殖市场70%的份额。“海兰”蛋鸡，年产蛋320枚左右，而中国本土蛋鸡年产蛋280枚左右，40枚蛋的差距吸引着中国农户大规模养殖。中国蛋鸡育种始于20世纪70年代，但进展缓慢，品种性能满足不了市场需求，为此在2010年前种源主要依靠进口。当美国遭遇禽流感，“海兰”不能及时提供种源时，蛋鸡行业意识到被“卡脖子”的困境，加速了品种的培育和性能的选育工作。自2004年“农大3号小型蛋鸡”配套系审定后，2009年至2021年期间，审定通过了“京红”1号、“京粉”1号、“京粉”2号、“京粉”6号、大午金凤、“农金”1号等11个高产蛋鸡配套系和新杨黑、苏禽绿等9个特色蛋鸡配套系，至今共审定蛋鸡配套系22个。国育蛋鸡品种的饲养量已经占到市场的一半以上。

作为基础蛋白质摄入的鸡蛋，如果育种核心技术不掌握在自己手中，将面临巨大的风险。北京市华都峪口禽业有限公司的育种团队从世界上的“洛岛红”和“洛岛白”两大蛋鸡品种入手，进行定向培育、杂交选育。

“沃德188”白羽鸡

培育中，每一只鸡都有 40 多个指标，经过 5 个世代的繁育，育种团队掌握了数以亿计的性状指标，他们要从中选出最优良的品种，进行筛选和判断。功夫不负有心人，2009 年 4 月，中国培育的第一个具有自主知识产权的蛋鸡品种——“京红”1 号宣布上市。它年产蛋高达 330 枚左右，赶超了国际水平，成活率高出 3 个百分点，中国制造的“京红”1 号成为中国第一个不受国外控制的畜禽品种，打破了国外育种公司对我国种鸡业的长期垄断。

截至 2022 年底，北京市华都峪口禽业有限责任公司已自主培育出“京红”“京粉”“京白”（“京红”1 号、“京粉”1 号、“京粉”2 号、“京白”1 号和“京粉”6 号）系列 5 个蛋鸡品种。现在，市场上每两枚鸡蛋中，就有一枚鸡蛋来自国产的京系列蛋鸡。进口蛋鸡的市场占比，也从 2008 年的 80% 下降到了现在的 30% 左右。国产蛋鸡已经完全占据了主导地位。

提问！先有鸡还是先有蛋？

左页图

“京红”1 号蛋鸡

| 李玉博　绘 |

右页下两图

国产京系列蛋鸡

物种“芯片”竞赛不仅体现在畜牧业，农作物上也同样存在。

中国从大豆的原产国变为世界上大豆第一进口国，主要原因在于中国对大豆的需求量非常大，但是大豆的单产相对较低。在美国、巴西、阿根廷等地，平均每亩大豆的单产都超过了 200 千克，但是我国大豆平均每亩只有大约 140 千克。

巴西、阿根廷的大豆种子基本都来源于美国，也就是说，中国的大豆进口主动权实际上掌握在美国种业手中。进口大豆不仅用于食用油的生产，还是畜牧饲料的重要原料。这就意味着，一旦进口大豆受到国际环境影响，我们的饲料生产和肉类生产都将受到挑战。

正因如此，中国一直致力于提升各个方位的大豆“绿色革命”。例如，大豆是一种对光照较为敏感的植物，因而这限制了大豆的种植区域。研究人员通过基因编辑技术，让大豆在光照较弱的地方也能开更长时间的花，从而提高大豆的产量。利用相似的技术，同样被改良的还有大豆的抗旱耐寒性、耐盐碱地性、较高的油脂含量等。中国大豆的高产量记录也因而在近几年来不断被刷新。

此外，上游和下游的相关研发也迫在眉睫。在更加基础的学科层面，国外已经有全面的大豆基因的数据库，整合了不同种质的研究成果，这也是我们应该提高和努力实现的；在下游产业，大豆粕替代饲料的研发也在继续，从而尽量减轻进口大豆对饲料业的制约。

农业物种“芯片”的突破依然任重而道远，为了防止再度被发达国家“卡脖子”，我们的科学家片刻也不能停步。

02 它们比熊猫更宝贵

种业竞争的核心是品种，品种的核心是种质资源。有些曾经从未得到重视的资源，甚至一小段基因，都可能改变整个行业的未来。

截至 2020 年，中国共有畜禽地方品种 547 个。每一个新资源的发现都极为困难，一个新的种质资源的发现和鉴定，需要翔实的种群数据。

在农业农村部组织开展的第三次全国畜禽遗传资源普查中，青海的泽库羊受到了育种专家的注意。它们肢体高大，腰背宽平，羊毛较软，合群性好，最显著的特征表现在公羊角粗大宽厚，呈螺旋状向外伸展。它们与外界的藏羊存在许多明显的区别。

青海的泽库羊

专家们发现，泽库羊拥有良好的基因特性：它胸部的毛比较发达；尾部周边毛比较少，这也是它跟藏羊的一个区别——当羊尾巴很小时，尾巴周围的毛天然形成就很少。一些品种的羊羔尾巴周围毛很多，容易粘上粪便从而引起一些疾病。泽库羊在进化过程中自己形成了这种尾部周边少毛的特点，从而其羔羊痢疾的发病率较低。

更令当地人称赞的是，泽库羊的羊毛非常柔软，适合做被子；此外，泽库羊眼圈周围有熊猫眼圈，它对下雪的这种放牧环境有很好的适应性，较少出现雪盲的情况。

泽库羊所在的牧区，位于青海省黄南藏族自治州的泽库县，由于海拔高、地域偏远，几百年来，牧民们驱赶着羊群从冬季牧场到夏季牧场，却没有人注意到这些羊与外界藏羊的差异。泽库羊很可能是由当地绵羊和野生盘羊杂交而来，可能由于高原相对封闭的环境，让泽库羊保留下了独特的遗传信息。在自然选择和牧民驯化中，逐渐演变出今天的体貌特征。

经过国家畜禽遗传资源委员会缜密的考量和鉴定之后，泽库羊最终成功被确认为一个独立的品种。泽库县也成立了泽库羊产业基地，并有首席专家负责基地技术试验示范与技术培训。

羊羊羊又添新成员，有望制霸青青草原！

泽库羊拥有良好的基因特性

新的品种资源就相当于一个基因库，一个战略资源，一个品种“芯片”，这正是千千万万育种工作者努力攻关的方向。全国畜禽遗传资源普查帮助摸清了家底，而从源头上保护好我们的种质资源，则是在寻找更加可持续的农业生产方式。

而相较于新发现的泽库羊，有些民间历经千百年驯化的本地品种，因重视不足而濒临灭绝着实令人心痛。

比如中国出产的“土猪”品种正面临这种境况。中国人一年要吃掉 7 亿头猪，是全球最大的猪肉生产国和消费国。但近年来，中国地方猪品种的多样性遭遇了巨大的挑战。目前已经有 7 个地方猪品种灭绝：浙江虹桥猪、雅阳猪、潘郎猪，福建平潭黑猪、福州黑猪，甘肃河西猪，江苏横泾猪。另外，有 31 个地方猪品种都处于濒危和濒临灭绝的状态。

荣昌猪，得名于重庆荣昌，是世界八大优良种猪之一，品种形成至今，已有 400 多年历史。这些带着黑眼圈的种猪，长得像国宝熊猫，很可爱。

熊猫猪保卫战——猪生巅峰

左页图
荣昌猪
| 李玉博　绘 |

右页图
保护珍稀资源，
传承优良品种

重庆市畜牧科学院
华衡检测
重牧硅谷
纳比检测
纳比检测
重庆市畜牧科学院
国家生猪技术创新中心
重牧硅谷

2019 年，受非洲猪瘟疫情影响，能繁殖的荣昌母猪下降到只有 8000 多头，是有记载以来的最低值。保护荣昌猪成了当地政府和相关企业的重要职责。他们采取由农户代养、建设现代化保种场等一系列措施，保存更多的原种猪。

保护荣昌猪，不仅仅是活体保种，生物技术保种也必不可少。

将荣昌猪的精液冷冻，可以让种质资源长期保存下来。在重庆市畜牧科学院，冷冻库中存放着 1.7 万份荣昌猪精液和 3 万多份耳组织等样本。这些是最核心的种源，为荣昌猪的保护、开发和利用留存了一份信心。

如果保种成功，就可以把荣昌猪从曾祖代到商品代繁育链条完整建立起来。这些荣昌猪的价值并不在于供应猪肉市场消费，而是像芯片一样赋予优质猪肉产业发展新动能。

左页图

科技助力中国的生猪产业快速发展

随着中国对猪肉需求的飞速增长，许多长得慢的本土猪都一度遭到“嫌弃”。早在20世纪80年代，中国就开始从丹麦、美国等国家进口诸如大白猪、长白猪、杜洛克猪等优良种猪进行培育和扩繁，以期得到生产性能优异的猪种。从国外引进一只种猪的成本大约为2万～3万人民币，外加5000块钱的“机票”钱。

仅2020年一年，中国从国外进口的种猪数量便超过了25000头，为引种付出了高昂的成本。

进口猪吃得少、长得快、瘦肉多，生产效率高，成了市场上的当家品种，也为中国实现从猪肉短缺到基本供求平衡作出了很大贡献。但随之而来的是，中国种猪能否自主供应、种源是否安全可控的问题，也日益成为社会关注的焦点。

中国土猪因其较慢的生长速度与较低的饲料利用率，提高了养殖成本，因此售价较高，部分丧失市场竞争力。

实际上，中国土猪有着非常独特的优点：肉质好，更加符合中国饮食文化；此外，中国的猪耐粗饲、抗病性强，为此曾经多次远走他乡，与外国猪进行深入交流，帮它们提高、改善肉质和生育能力。

中国是全球最大的猪肉生产和消费市场

1989年，美国农业部、伊利诺伊大学和爱荷华州立大学合作，引入了144头中国土猪，包括枫泾猪、梅山猪和民猪。其中，枫泾猪和梅山猪来自太湖地区，是华北和华中之间的一个狭窄区域，位于长江下游流域和东南沿海，气候温和。枫泾猪具有较高的胚胎存活率和较多的产仔数，且肉质肥美。民猪则起源于中国东北，后分布在华北地区，民猪的意思也是指 “民间的猪”。因它们生活在较北的地区，寒冷而干燥的气候使民猪对低温和恶劣的饲养条件非常耐受。民猪具有繁殖性能高、产仔多、泌乳量大、适应性强、产肉量大、肉质鲜美、杂交效果显著等一系列特点。

现在全世界大约有300多个猪的品种，中国的地方猪品种占了大约三分之一，这都是世界物质遗产，活体的基因库，行走的DNA。

进口品种的猪

得益于分子育种技术的不断发展，目前猪育种已经开启了“芯片时代”。简单来讲，猪生产性能的秘密全部藏在其遗传信息中，育种学家要做的就是从大量的遗传信息中挖掘出那些与生产性能息息相关的遗传密码。首先，需要通过基因组测序技术获得一头猪的全部遗传信息（DNA 序列）；其次，是将猪的生产性能与其遗传位点相匹配，筛选出那些与提高生产性能相关的遗传位点，并经过反复验证，最终确定该关键位点；最后基于这些关键位点，制作出用于筛选生产性能优良种猪的“猪芯片”。

“猪芯片”这项技术提高了种猪育种效率，降低了育种成本，可帮助育种学家快速地从成千上万头种猪中精选出最具培养价值的种猪。近些年来，有关生物芯片的研发论文和专利的数量逐年上升，其中有近一半的相关论文都来自美国。中国的相关竞争力尽管有待加强，但总体处于逐年上升的趋势。对于我们来说，更严峻的问题在于，中国生物芯片的科研成果转换率相对较低。

不过，最近中国育种的基因芯片已经取得了可喜的成果。国家生猪种业工程技术研究中心已经将其应用到了猪的保种育种上。

猪芯片打开种猪育种缺口

右页图

猪芯片

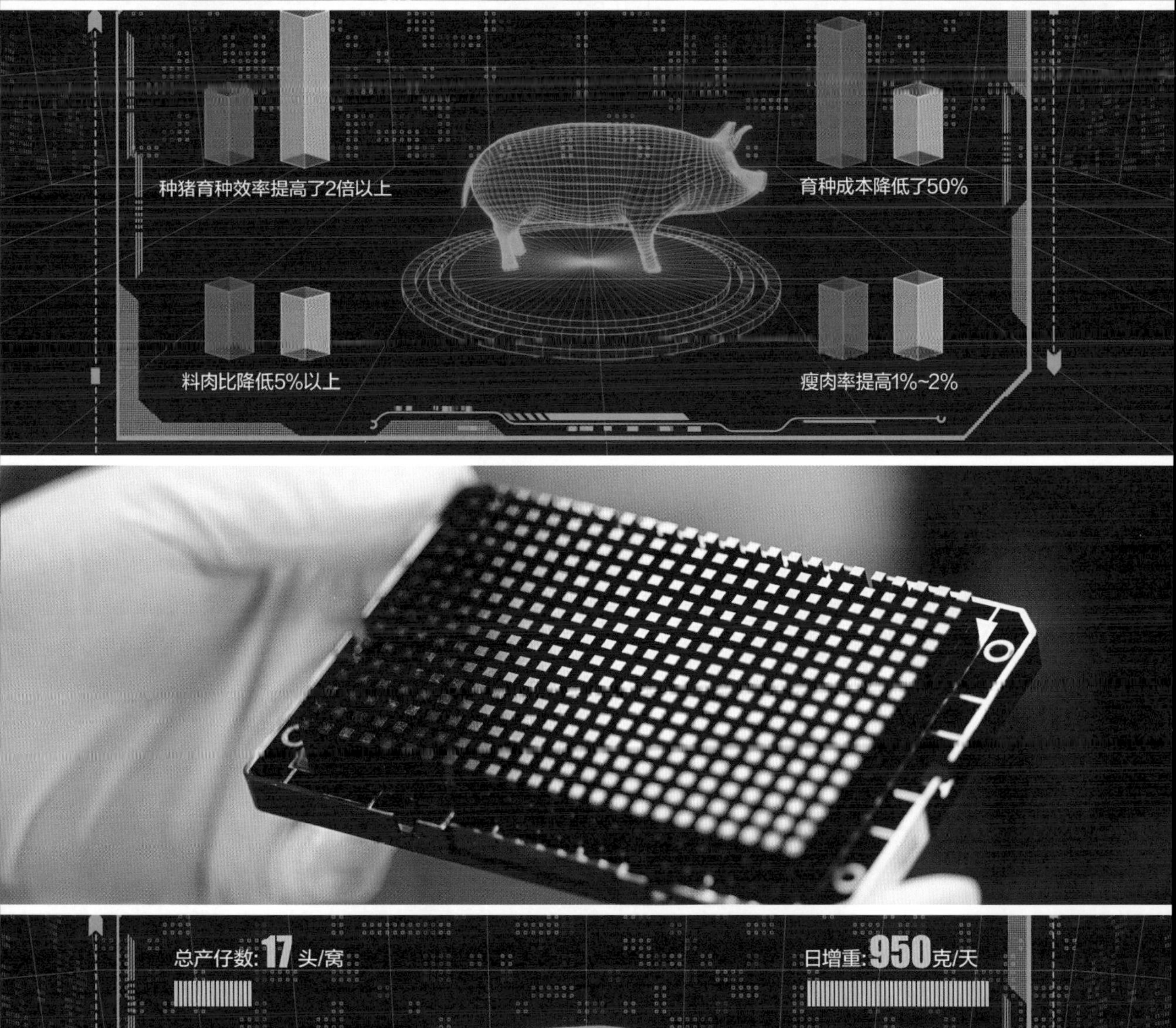
种猪育种效率提高了2倍以上
育种成本降低了50%
料肉比降低5%以上
瘦肉率提高1%~2%

总产仔数: 17 头/窝
日增重: 950克/天
健仔率: 92 %
背膘厚: 10.8 厘米
料肉比: 2.15
瘦肉率: 66 %
肋骨数: 16 对

温氏食品集团利用四年时间，建立了基于简化基因组测序（GBS）分型的种猪全基因组选择技术，开发出全基因组选择专用PorcineWens55K芯片，是国内首款规模化应用于企业现场育种的自主设计芯片，打破国外基因芯片的垄断，实现基因组育种技术的自主创新，将检测成本降低了90%。此外，他们还培育了国家审定的以四元杂交为特色的“华农温氏1号猪配套系”和五元杂交为特色的“温氏WS501猪配套系”，也是自2006年以来中国仅有的2个通过国家审定的高效瘦肉型猪新配套系，累计推广应用出栏肉猪超过1.5亿头。

中国有15万头以上曾祖代种猪，最近5年，虽然平均每年仍要进口约1万头种猪，但数量不到更新需要量的10%，种猪基本可以做到自给。

与本土猪命运近似的，还有本土牛。随着近代以来的技术进步，机械设备抢走了老牛们耕田的“铁饭碗”，产奶和肉用成了人类养牛的主要目的。

提到奶牛，我们第一反应想必都是那些黑白相间的花牛。其实，这些黑白花牛也是普通牛的一种，品种名叫“荷斯坦牛”，是世界上最著名的奶牛品种。它们最早是由2000年前的荷兰与德国先民培育而成，经过上千年的育种，现代荷斯坦牛的产奶能力达到了牛界巅峰。仅仅一头母牛每年的产奶量就超过7吨。

而在肉牛界，最“牛气”的品种要属西门塔尔牛，它们原产于中世纪时代的瑞士。别看西门塔尔牛性情温顺，其体格丝毫不输当年的野生祖先，骨骼粗壮，肉质丰满，雄性体重可以达到1.2吨，在生长期每天长肉超过1千克。

左页两图
西门塔尔牛

右页图
科研人员开展基因技术研究

凭借着优良的品质，荷斯坦牛与西门塔尔牛从欧洲出发，横扫世界。在当今中国，奶牛总存栏量的85%都是中国本土培育的“中国荷斯坦奶牛”，而在肉牛中，有65%都是西门塔尔牛的杂交后代。外来的优秀品种助力了肉奶产量的飞升。但与此同时，一些陪伴中国人走过千年岁月的本土品种却逐渐光芒暗淡，走进了历史的角落。比如西藏地区独特的黄牛品种阿沛甲咂牛与樟木牛，尽管产奶量高，适应高原缺氧环境，但是由于没有系统的选育工作，种群数量与品质不断下降。在2021年普查时，人们发现它们分别仅剩39头和19头。

为了保护中国本土品种资源，减少对进口种源的依赖，中国的农业科研工作者已经行动起来。各地纷纷成立了地方特色品种的发展项目，并借着现代生物技术的“东风”优化品种。比如在国家肉牛改良中心，科研人员正在改良选育有上千年历史的陕西秦川牛。

与“猪芯片”一样，利用“牛芯片”，人们可以在牛犊刚出生时就预判未来的发育潜力，让良种一落地便脱颖而出，大大加快了改良品种的速度。随着更多国产基因芯片的普及，我们相信，未来的中国牛会“更牛”。

右页图

荷斯坦奶牛

03 “定制”生物能实现吗?

在激烈的种业竞争中，除了要争夺物种芯片的高地，加强对本土特有种质资源的保护，另一个至关重要的目标，是对各类前沿育种技术的突破和创新。谁能掌握更加快捷高效的新技术，谁就更有可能抢占先机。

比如我们提倡的“每天一杯牛奶”，就需要先进的技术支持。

好牛奶离不开好奶牛。优秀的奶牛种牛不仅要产奶量高，乳脂量和乳蛋白量要平衡，还要身体健康。国际上，奶牛有一个通用的评价标准，被称为TPI（total performance index），即综合性状指数，包含了产奶量、体型外貌、健康和繁殖性状等十几项指标，指数越高，代表奶牛越优秀，综合性能越好。

牛奶是人们日常生活中重要的营养饮品

养牛也有高科技，试管奶牛牛不牛?

中国奶牛的 TPI 长期以来一直是个短板。TPI 指数最高的是美国奶牛，最高数值已经超过了 3000，平均数值比我国奶牛高 500 左右。与之相应，美国奶牛每天平均产奶量约 36 千克，而中国是 27 千克，单产差距在 2500 千克以上。过去的育种改良工作往往只能借助种公牛的优良性状，通过配种缓慢地改善母牛遗传性状。但如果母牛遗传基础较差，即使经过 3 ~ 4 代改良后，后代单产也仅提高 1000 千克左右，难以弥补与美国等奶业发达国家的差距。

为此，“试管奶牛”技术应运而生。

“试管奶牛”这一技术的核心在于利用活体采卵—体外受精—胚胎移植（OPU-IVF-ET）等系列关键技术，同时实现优秀母牛和种公牛资源的充分利用：首先利用基因组检测选择 TPI 数值较高的优秀母牛，利用活体采卵技术从它的卵巢内抽取出大量卵母细胞，将采集的卵母细胞在体外培养成熟后，再与优秀的种公牛精子进行体外受精，经过 7 天的体外培养，成功发育成早期胚胎。随后，将发育良好的胚胎移植到合适的受体母牛体内或进行冷冻保存备用。因其技术流程与人类“试管婴儿”相似，故称为“试管奶牛”技术，但与“试管婴儿”严格控制出生数量相比，“试管奶牛”可以充分利用母牛卵母细胞资源，批量获得优秀后代，实现优秀种质的快速扩繁和种群遗传基础的快速提升。除此之外，“试管奶牛”出生后要进行基因组检测，获得 TPI 数值，并根据数值进行严格筛选，其中最优秀的后代才有资格成为一头合格的种牛，实现种牛的定制生产。

试管奶牛出生

目前，我国利用该技术获得的一头“试管奶牛”的 TPI 值达到了 2904，意味着它可以进入美国奶牛前 1% 的优秀群体，与美国最顶尖奶牛的差距也只有 200 多，实现了先进育种技术与顶尖种质资源的快速跨越。

“试管奶牛”涉及的活体采卵—体外受精等各个环节，均需要精妙的技术。以冷冻胚胎解冻为例， 将冷冻胚胎从零下 196 摄氏度的液氮中取出，要恢复到正常的 37 摄氏度，需要缓慢解冻，过快或过慢都有可能造成胚胎死亡。这一过程需要三份不同的解冻液，并依次设定好 1 分钟、3 分钟和 5 分钟三个不同的解冻时间。

此外，胚胎细胞极其微小，科研人员只能借助显微镜和通过吸管，对它进行各种操作。吸管前端的拉针，需要根据胚胎细胞的大小随时更换，消耗量大，成本高。对于企业而言，效率高、成本低才是产业化的关键。勤劳的技术人员通过大量的训练利用灵巧的双手，运用火烧、手动拉针的手法，将每根拉针的成本从 5 元降到了 0.5 元，成功解决了这一难题。

还有，“试管奶牛”还可以根据育种场或者牧场的具体需求，实现奶牛性别的人为定制。牛的性染色体由 XY 组成，利用特定的设备，将种公牛精子进行 XY 染色体分离，通过只挑选 X 精子和卵母细胞进行受精，就能够培育出更多的母牛，快速扩繁母牛群体，实现牧场产能迅速提升。目前，利用 X 精子进行“试管奶牛”生产，母犊率能达到 90% 以上。

右页图

对冷冻胚胎进行解冻

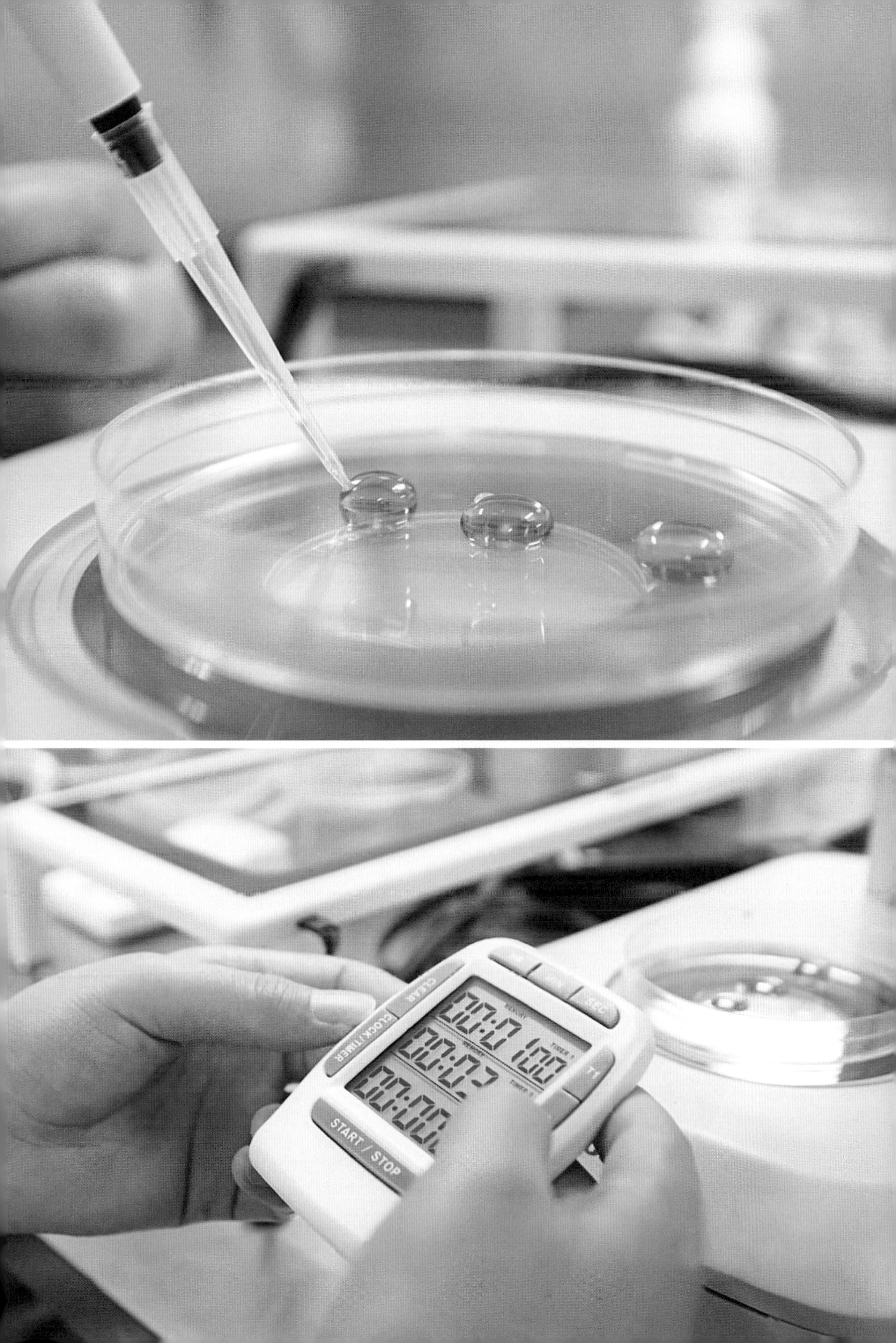
CLEAR
CLOCK/TIMER
SEC
START / STOP

04 种质决定我们的未来

春华灼灼，秋实离离。一粒种子可以改变一个世界，一项技术能够创造一个奇迹。

它落入泥土，依托大地，生生不息，蕴含着无穷的力量。这是生命的根基，在循环往复的岁月里，在雨润风暖的时光中，它一路播种，让万物生长。

中国田里中国种，中国碗里中国粮，香辣甜鲜的生活背后，是育种家和企业家的创新智慧，是市场博弈后的丰盈富足。

为了牢牢把握主动权，我们仍要不断向种业前沿进军，把种业"芯片"掌握在自己手上，在中国农业现代化进程中留下一个个生动的注脚。此时此刻，中国的育种专家们，仍在分秒不停地与时间赛跑。他们不辞辛劳地保护种质资源，开发种质资源，最终造福国民。

各领域的育种专家们在辛苦工作

一粒种子，犹如一束生命之光。地球上的每个生命，看似疏离却又紧密联系。人类，曾经被认为的万物主宰，却终归只是大自然的孩子。农业伴随我们生存、发展、进步的每一步。

而种子，仍将是未来人类文明延续的根基，决定着所有人类的未来。

种子决定着人类的未来
| 李玉博　绘 |

《种子 种子》巧对“过招”天下英雄 寻找“对”的人

2022年2月23日，中央广播电视总台财经节目中心推出六集大型纪录片《种子 种子》。

纪录片播出之际，央视财经节目中心广发英雄帖，邀请大家参加“楹联征集活动”，旨在激发人们对种子的广泛关注和弘扬中国传统文化，用这种别致的形式，为中国种业加油喝彩。

央视财经拿出的上联是：“种子种，种种种”！ 6个字里共有5个“种”字，3种读音4种读法。

“全网寻人，寻找‘对’的人”，征集令一出，立刻引爆社交网络。一石激起千层浪，“江湖”平地起波澜，群贤毕至，少长咸集。这手堪称“天外飞仙”的趣巧对，令各路“英雄”纷纷摩拳擦掌试身手，陷入“苦吟”，绞尽脑汁、搜索枯肠。有努力考据“弄明白‘种’有几个读音”的；有寻求外援“先去百度看看”的；有趁机科普“北宋戍边的种家，出了不少大将”的；有直接抛出名著“《水浒传》里提到过老种（chóng）经略相公”的；有犹豫“想了一晚上想出一个，但是总觉得有点生硬”的；有抱着字典较真地查，“好像新华字典范围内，大约400多个多音字。再扩大一步到《辞海》这个范围，大约有800多个，扩大到《康熙字典》范围，大概会超过1500多种多音字”的。当然也有“破罐破摔”、干脆“躺平”的：“我的小脑袋瓜禁不起折腾”“我拼音不好，不要考我了”“你是个成熟的央央，要学会自己找答案，而不是问网友”……

当然，许多网友也认真给出了自己的答案：“长秧长，长长长”“乐者乐，乐乐乐”“调琴调，调调调”“行家行，行行行”……

征集令发出后，央视财经客户端、央视新闻客户端和央视频一共收集到110926副下联。

不仅网友们“脑洞大开”，一些楹联高手、专业大家也对征联活动高度关注，对联的三大玄机让人眼前一亮：

将传统文化引入纪录片宣传带来“出圈”“跨界”效应 创意绝佳

南京师范大学文学院教授郦波表示，活泼有趣的楹联征集带来了“出圈”和“跨界”效应，在弘扬中华优秀传统文化的同时，让看似带些学术高冷范儿的农业科学类纪录片，以最“接地气”的方式成为社交热点话题，极大地调动起观众尤其是年轻人对种子的兴趣，为他们找到“打开”这部纪录片的最好点位。

一副巧联体现了中国文字的博大精深和独特魅力

中国楹联学会对联文化院院长、著名楹联艺术家叶子彤说，这次求对的上联是：“种子种，种种种”，其中颇有讲究。从专业角度看，首先，出句六个字均为仄声；其次，运用重字、叠字修辞手法，活用五个“种”字；最值得赞叹之处在于多音字的巧用，一个“种”字有三种读音，三种词性，组合间蕴藏着不同的含义和韵味，体现了中国文字的博大精深和独特魅力。

上联：“种子种，种种种”！

种有 3 个读音，分别是：

1. 读音种 zhǒng，名词，种子。
2. 读音种 zhòng，动词，播种。
3. 读音种 chóng，形容词，幼稚。

据《中华大字典》记载“种”《玉篇》：“人姓。亦或稚也。”

据此，上联可以有四种读法。分别是：

1. 种（zhǒng）子种（zhòng），种（zhǒng）种（zhǒng）种（zhòng）
2. 种（zhǒng）子种（zhòng），种（zhòng）种（zhǒng）种（zhǒng）

以上两种寓意种下种子，收获万千丰物。

3. 种（zhǒng）子种（zhòng），种（chóng）种（zhǒng）种（zhòng）
4. 种（zhǒng）子种（zhòng），种（zhòng）种（chóng）种（zhǒng）

以上两种寓意种下幼种，孕育生长希望。

叶子彤：“我相信，通过求对的活动，会有更多人关注纪录片《种子 种子》，对深厚的传统文化产生浓厚的兴趣。也期待广大观众充分调动智慧，应对出满意的下联。”

“随风潜入夜”般地传播传统楹联文化

中华诗词学会联赋工委会副主任孙五郎接受采访时表示，纪录片《种子 种子》宣传推广中最大的亮点是把具有浓烈的中国底色、中国风格、中国味道的对联艺术纳入进来，既进行了种子科普，又传播了对联文化。他拿到上联后，马上饶有兴致地将500多个多音字全部找出来，在读音、词性、平仄和格律中反复推敲。“这副上联趣味无穷，但同时难度也极高，现在，很多楹联高手都在参与征集下联的活动中，大家希望能对出一个完美的下联，但这个过程中能唤起更多人对中国种业的关注，对中国传统文化的探究，也是一份满满的收获。”

有道是，一场英雄会，斗智对巧对。万众齐翘首，看谁是绝配。

以下是获奖的10幅楹联：

一等奖

mò er mó，mò mò mó
磨儿磨，磨磨磨

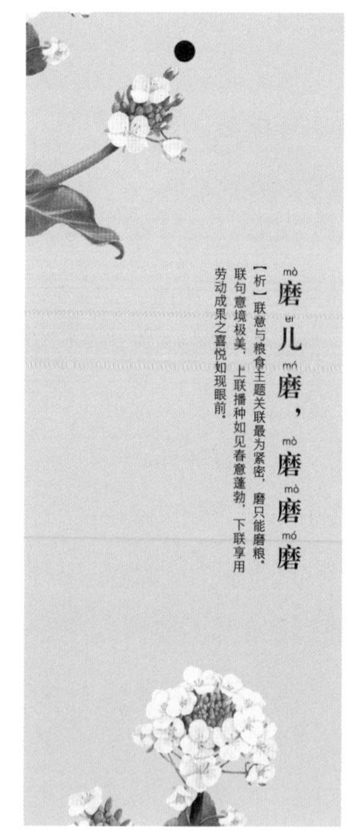

二等奖

dàn tou dān　dàn dàn dān
担头担，担担担

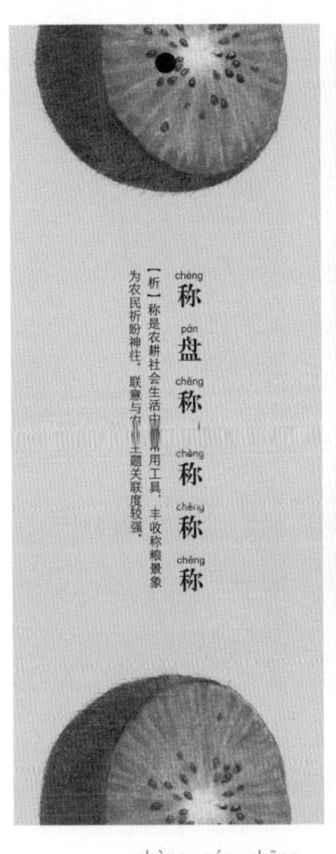

chèng pán chēng　chèng chèng chēng
称盘称，称称称

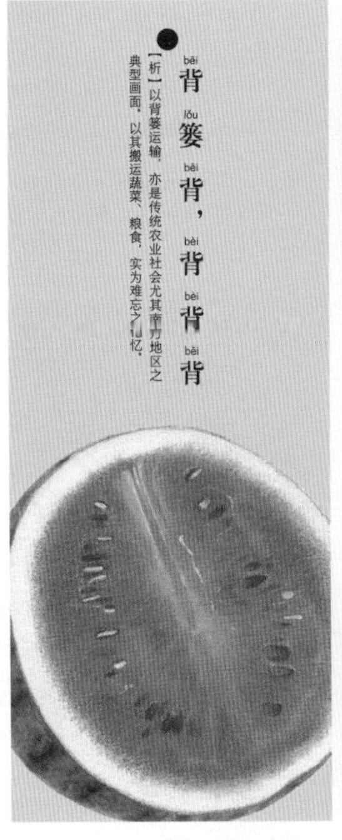

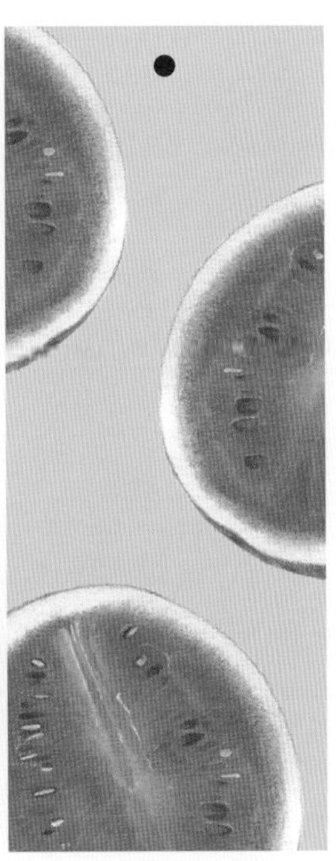

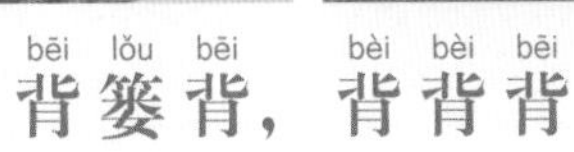

bēi lǒu bēi　bèi bèi bēi
背篓背，背背背

三等奖

háng jia xíng háng háng xíng
行家行，行行行

fèn liang fēn fèn fèn fēn
分量分，分分分

cháng miáo cháng zhǎng zhǎng cháng
长苗长，长长长

囤（tún）粮（liáng）囤（dùn），囤（dùn）囤（dùn）囤（tún）

】联意与主题紧密关联，借囤粮与种子词组结构有
上联种子，下联粮囤，由种到收，圆满闭环。

tún liáng dùn　dùn dùn tún
囤粮囤，囤囤囤

jiǎo niú jué　jiǎo jiǎo jué
角牛角，角角角

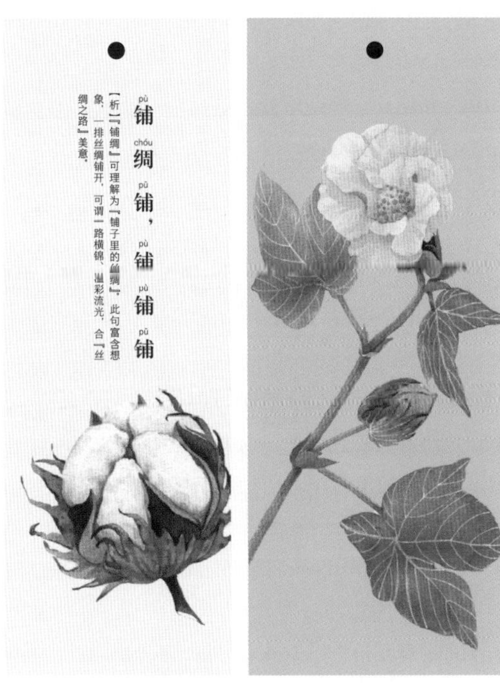

pù chóu pū　pù pù pū
铺绸铺，铺铺铺

参考文献

[1] Alberto F J, Boyer F, Orozco-Terwengel P, et al. Convergent genomic signatures of domestication in sheep and goats. Nature communications, 2018, 9（1）, 1-9.

[2] Faris J D. Wheat domestication: Key to agricultural revolutions past and future. In Genomics of plant genetic resources[M]. Dordrecht: Springer, 2014.

[3] Hilbert L, Neves E G, Pugliese F, et al. Evidence for mid-Holocene rice domestication in the Americas[J]. Nature ecology & evolution, 2017, 1（11）, 1693-1698.

[4] Jing Y, Flad R K. Pig domestication in ancient China[J]. Antiquity, 2002, 76（293）, 724-732.

[5] Kovach M J, Sweeney M T, McCouch S R. New insights into the history of rice domestication[J]. Trends in Genetics，2007, 23（11）, 578-587.

[6] Larson G, Albarella U, Dobney K, et al. Ancient DNA, pig domestication, and the spread of the Neolithic into Europe[J]. Proceedings of the National Academy of Sciences, 2007, 104（39）, 15276-15281.

[7] Levine M A. Botai and the origins of horse domestication[J]. Journal of anthropological archaeology, 1999, 18（1）: 29-78.

[8] Lu H, Zhang J, Liu K B, et al. Earliest domestication of common millet （Panicum miliaceum） in East Asia extended to 10,000 years ago[J]. Proceedings of the National Academy of Sciences, 2009, 106（18）: 7367-7372.

[9] Lu H, Yang X, Ye M, et al. Millet noodles in late Neolithic China[J]. Nature, 2005, 437(7061): 967-968.

[10] Meadow R H. Prehistoric Wild Sheep And Sheep Domestication[J]. Early Animal Domestication and its Cultural Context, 1989,（6）: 25.

[11] Pitt D, Sevane N, Nicolazzi E L, et al. Domestication of cattle: Two or three events? [J]. Evolutionary applications, 2019，12（1）: 123-136.

[12] Price M, Hongo H. The archaeology of pig domestication in Eurasia[J]. Journal of Archaeological Research, 2020，28（4）: 557-615.

[13] Sang T, Ge S. Genetics and phylogenetics of rice domestication[J]. Current opinion in genetics & development, 2007, 17（6）: 533-538.

[14] Stock F, Gifford-Gonzalez D. Genetics and African cattle domestication[J]. African Archaeological Review, 2013, 30（1）: 51-72.

[15] Warmuth V, Eriksson A, Bower M A, et al. Reconstructing the origin and spread of horse domestication in the Eurasian steppe[J]. Proceedings of the National Academy of Sciences, 2012, 109（21）: 8202-8206.

[16] Xie M, Shevchenko A, Wang B, et al. Identification of a dairy product in the grass woven

basket from Gumugou Cemetery （3800 BP，northwestern China） [J]. Quaternary International, 2016, 426: 158-165.

[17] Yang Y, Shevchenko A, Knaust A, et al. Proteomics evidence for kefir dairy in Early Bronze Age China[J]. Journal of Archaeological Science, 2014, 45: 178-186.

[18] Aouizerat T, Gutman I, Paz Y, et al. Isolation and Characterization of Live Yeast Cells from Ancient Vessels as a Tool in Bio-Archaeology[J]. mBio, 2019, 10: e00388-19.

[19] 乔治·罗森 . 公共卫生史 [M]. 南京：译林出版社，2021.

[20] Zhao F H, Wu T, Hu Y M, et al. Efficacy, safety, and immunogenicity of an Escherichia coli-produced Human Papillomavirus （16 and 18） L1 virus-like-particle vaccine: end-of-study analysis of a phase 3, double blind, randomised, controlled trial[J]. The Lancet Infectious Diseases, 2022.

[21] 王振华，刘文国，高世斌，等 . 玉米种业的昨天、今天和明天 [J]. 中国畜牧业，2021，（19）：26-32.

[22] 裕黎，王天宇 . 我国玉米育种种质基础与骨干亲本的形成 [J]. 玉米科学，2010，18（5）：1-8.

[23] Troyer A F. Adaptedness and Heterosis in Corn and Mule Hybrids [J]. Crop Science, 2006, 46（2）: 528-543.

[24] Shi Z W, He Q, Zhao Z F, et al. Exploration and utilization of maize male sterility resources [J]. Yi Chuan, 2022, 44（2）: 134-152.

[25] 程式华 . 中国水稻育种百年发展与展望 [J]. 中国稻米，2021，27（4）：1-6.

[26] Sasaki A, Ashikari M, Ueguchi-Tanaka M, et al. Green revolution a mutant gibberellin-synthesis gene in rice [J]. Nature 2002, 416: 701-702.

[27] Chen L, Liu Y G. Male sterility and fertility restoration in crops [J]. Annual Review of Plant Biology, 2014, 65: 579-606.

[28] 袁隆平 . 水稻的雄性不孕性——原文再版 [J]. 科学通报，2016，61（35）：3732-3734.

[29] 邓兴旺，李磊 . 袁隆平和我国杂交水稻研究简史 [J]. 杂交水稻，2022，37（S1）：21-25.

[30] Deng X, Wang H, Tang X, et al. Hybrid Rice Breeding Welcomes a New Era of Molecular Crop Design [J]. SCIENTIA SINICA Vitae, 2013, 43（10）: 864-868.

[31] Wang H, Deng X W. Development of the "Third-Generation" Hybrid Rice in China[J]. Genomics Proteomics Bioinformatics, 2018, 16（6）: 393-396.

[32] Chang Z, Chen Z, Wang N, et al. Construction of a male sterility system for hybrid rice breeding and seed production using a nuclear male sterility gene [J]. Proceedings of the National Academy of Sciences of the United States of America, 2016, 113（49）: 14145-14150.

[33] 梁满中，锋王，殷小林，等 . 水稻的雄性不育性及其在杂种优势中的利用 [J]. 生命科学研究，2021，25（5）：377-385.

[34] Wu J, Qiu S, Wang M, et al. Construction of a weight-based seed sorting system for the third-generation hybrid rice [J]. Rice（N Y）, 2021, 14（1）: 66.

[35] 袁隆平 . 杂交水稻发展的战略 [J]. 杂交水稻，2018，33（5）：1-2.

[36] 周崇高，冯娅琳，陆潮峰，等 . 稻飞虱翅型分化的研究进展 [J]. 湖北农业科学，2014，53（17）：3985-3990.

[37] Xue J, Zhou X, Zhang C-X, et al. Genomes of the rice pest brown planthopper and its endosymbionts reveal complex complementary contributions for host adaptation [J]. Genome Biology, 2014, 15: 521.

[38] 杨贵琴，王琴，张秋良，等 . 稻飞虱嗅觉相关基因及功能的研究进展 [J]. 应用昆虫学报，2021，58（4）：783-794.

[39] He J, Liu Y, Yuan D, et al. An R2R3 MYB transcription factor confers brown planthopper resistance by regulating the phenylalanine ammonia-lyase pathway in rice [J]. Proceedings of the National Academy of Sciences of the United States of America, 2020, 117（1）: 271-277.

[40] Xu H J, Xue J, Lu B, et al. Two insulin receptors determine alternative wing morphs in planthoppers [J]. Nature, 2015, 519（7544）: 464-467.

[41] Yan G, Baidoo R. Current Research Status of Heterodera glycines Resistance and Its Implication on Soybean Breeding [J]. Engineering, 2018, 4（4）: 534-541.

[42] 刘维志 . 关于加速抗孢囊线虫病大豆品种选育问题的商榷 [J]. 大豆科学，1986，5（1）：77-82.

[43] 刘学勤 . 世界大豆地域分化、遗传解析及演化关系的研究 [D]. 南京：南京农业大学，2015.

[44] 陈应志，武婷婷，白岩，等 . 浅谈中国大豆品种改良与更新换代百年史 [J]. 大豆科技，2022，（1）：1-5.

[45] 石慧 . 大豆成为世界性作物的历程探析 [J]. 农业考古，2021，6：71-78.

[46] 强文丽，成升魁，刘爱民，等 . 巴西大豆资源及其供应链体系研究 [J]. 资源科学，2011，33（10）：1855-1862.

[47] Destro D, Carpentieri-Pílolo V, Kiihl R A D S, et al. Photoperiodism and Genetic Control of the Long Juvenile Period in Soybean: a review[J]. Crop Breeding and Applied Biotechnology, 2001, 1: 72-92.

[48] 杨幸雨，杨庆媛，王亚辉，等 . 近百年美国大豆生产时空格局变化分析 [J]. 世界农业，2022, 3: 25-35.

[49] He S, Sun G, Geng X, et al. The genomic basis of geographic differentiation and fiber improvement in cultivated cotton[J]. Nature Genetics, 2021, 53（6）: 916-924.

[50] Crickmore N, Berry C, Panneerselvam S, et al. A structure-based nomenclature for Bacillus thuringiensis and other bacteria-derived pesticidal proteins[J]. Journal of Invertebrate Pathology, 2021, 186: 107438.

[51] 张锐，王远，孟志刚，等 . 国产转基因抗虫棉研究回顾与展望 [J]. 中国农业科技导报，2007，9（4）：32-42.

[52] Wu G A, Terol J, Ibanez V, et al. Genomics of the origin and evolution of Citrus[J]. Nature, 2018, 554（7692）: 311-316.

[53] Ploetz R C. Fusarium Wilt of Banana[J]. Phytopathology, 2015, 105（12）: 1512-1521.
[54] 刘录祥 . 航天工程育种技术创新与产业发展现状 [J]. 蔬菜，2012，9：1-4.
[55] 陈子元 . 从辐射育种的发展来展望航天育种的前景 [J]. 核农学报 2002，16（5）：261-263.
[56] 白锋哲，李丽颖 . 航天育种：上天入地，只为攥紧“中国种”[N]. 农民日报，2022.
[57] 科普中国 . 中国人的种菜天赋有多强？太空也能种水稻！ [Z]. 2022：https://m.thepaper.cn/baijiahao_19674221.
[58] https://www.youtube.com/watch?v=RrAV4zmZa-w.
[59] https://livestock.extension.wisc.edu/articles/the-chicken-of-tomorrow/.
[60] https://livestockconservancy.org/heritage-breeds/heritage-breeds-list/cornish-chicken/#.
[61] Zuidhof M J, et al. Growth, efficiency, and yield of commercial broilers from 1957, 1978, and 2005[J]. Poultry Sciencc, 2014, 93（12）: 2970-2982.
[62] Wang K, Hu H, Tian Y, et al. The chicken pan-genome reveals gene content variation and a promoter region deletion in IGF2BP1 affecting body size[J]. Molecular Biology and Evolution, 2021.
[63] http://www.vipp-agriservices.com/downloads/handout.pdf.
[64] http://www.moa.gov.cn/govpublic/nybzzj1/202112/t20211203_6383764.htm.
[65] 何桦，赖松家 . 牛双肌性状的研究进展及其应用 [J]. 中国畜牧兽医，2005，32（4）：32-34.
[66] 吴长波，吴蒙 . 雪龙黑牛 中国高档肉牛的骄傲——大连雪龙产业集团“雪龙黑牛”项目开发纪实 [J]. 中国畜禽种业，2006，2（10）：12-14.
[67] 毛文星，苏效良 . 五大牛种转型记 [J]. 中国草食动物，2011，31（06）：54-57.
[68] 魏益民 . 中国小麦的起源，传播及进化 [J]. 麦类作物学报，2021，41（3）：5.
[69] 中国财经报道 . 农业供给侧改革新观察：小麦变形记 .
[70] 李曼，张晓，刘大同，等 . 弱筋小麦品质评价指标研究 [J]. 核农学报，2021，35（9）：1979-1986.
[71] 周大朋，穆月英 . 中国玉米产业发展现状及对策 [J]. 河南农业，2022（22）：53-54.
[72] 中国财经报道 . “胖”玉米的健身计划 .
[73] 崔凯 . 谷物的故事：解读大国文明的生存密码 [M]. 上海：上海三联出版社，2022.
[74] 玉米是产业链最长的粮食品种 [J]. 粮食科技与经济，2019，44（12）：9-10.
[75] 黎智华，王恬 . 辣椒红素的生物利用度，生理功能及机制研究进展 [J]. 食品科学，2020，41（11）：259-266.
[76] Reyes-Escogido M L，Gonzalez-Mondragon E G，Vazquez-Tzompantzi E. Chemical and pharmacological aspects of capsaicin[J]. Molecules，2011，16（2）：1253-1270.
[77] 徐小万，李颖，王恒明 . 中国辣椒工业的现状、发展趋势及对策 [J]. 中国农学通报，2008，24（11）：332-338.
[78] Chien A, Edgar D B, Trela J M. Deoxyribonucleic acid polymerase from the extreme thermophile Thermus aquaticus[J]. Journal of bacteriology, 1976, 127（3）: 1550-1557.

[79] 保罗·拉比诺 . PCR 传奇——一个生物技术的故事 [M]. 上海：上海科技教育出版社，1998.
[80] Saiki R K, Gelfand D H, Stoffel S, et al. Primer-directed enzymatic amplification of DNA with a thermostable DNA polymerase[J]. Science, 1988, 239（4839）: 487-491.
[81] 罗运兵，张居中 . 河南舞阳县贾湖遗址出土猪骨的再研究 [J]. 考古，2008（01）：90-96.
[82] 张伟力，杨敏，殷宗俊 . 中国养猪业 10 年（2015—2025）谋略 [J]. 养猪，2015（02）：1-7.
[83] 中国将终结大规模“跨国引种”模式？[J]. 北方牧业，2015（14）：6.
[84] 孙志华，刘浩 . 中国种猪进口差异化需求弹性分析 [J]. 中国畜牧杂志，2022，58（06）：281-285.
[85] 邵玉如，刘燕玲，骆菲，等 . 基于中心测定站的杜洛克、大白、长白公猪生长性能比较 [J]. 中国畜牧杂志，2022，58（08）：99-105.
[86] 金华猪品种特性简介 [J]. 浙江畜牧兽医，2020，45（06）：47.
[87] 许惠，刘思欣 . 温氏：打造世界一流的种业航母 [J]. 农产品市场，2022，（16）：16-18.
[88] 吴国芳 . 青海优质鲜肉型八眉猪新品系培育及示范 . 青海省畜牧兽医科学院，2021-10-12.
[89] 曾莉，张亮，郭宗义 . 荣昌猪二元杂交组合肌肉品质研究 [J]. 畜禽业，2017，28（07）：10-11.
[90] 施关林，关群，赵方学，等 . 金华猪Ⅱ系二元杂交利用研究试验 [J]. 浙江农业科学，2021，62（02）：412-414.
[91] Zhang Z, et al. Whole-genome resequencing reveals signatures of selection and timing of duck domestication[J]. Gigascience, 2018, 7（4）: giy027.
[92] 侯水生，周正奎 . 肉鸭种业的昨天及今天和明天 [J]. 中国畜牧业，2021（18）：23-26.
[93] 施丽黎 . 他把鸭市场做得风生水起——记中国农科院北京畜牧兽医研究所研究员侯水生 [J]. 中国农业会计，2021，（03）：96.
[94] Ploetz R C. Fusarium Wilt of Banana[J]. Phytopathology, 2015. 105（12）: 1512-1521.
[95] Wu, G.A., et al. Genomics of the origin and evolution of Citrus[J]. Nature, 2018, 554（7692）: 311-316.
[96] 蒜了 . 我没有出轨，只是犯了家族成员都会犯的错…… . 物种日历，2022-10-31.
[97] 中国水产科学研究院 . 黑龙江所成功突破哲罗鲑三倍体制种技术 . 2021.
[98] 陈路，赵家荣，倪学明，等 . 古莲的研究现状及意义（一）[J]. 生物学通报，1999，（11）：1-2.
[99] 王振莲，赵琦，李承森，等 . 古莲的研究现状 [J]. 首都师范大学学报（自然科学版），2005，（02）：55-58. DOI: 10.19789/j.1004-9398.2005.02.014.
[100] 余扶危，叶万松 . 中国古代地下储粮之研究（上）[J]. 农业考古，1982，（02）：136-143.
[101] Peña-Chocarro L, Perez J G, Morales M J, et al. Storage in traditional farming communities of the western Mediterranean: Ethnographic, historical and archaeological data[J]. Environmental Archaeology, 2015，20（4）: 379-389.
[102] 余扶危，叶万松 . 中国古代地下储粮之研究（下）[J]. 农业考古，1983，（02）：213-227.
[103] 卜风贤 . 重评西汉时期代田区田的用地技术 [J]. 中国农史，2010，29（04）：20-27.
[104] 葛玲艳，李喜宏，王静 . 艾叶精油型粮食防虫剂研制及应用 [J]. 粮食储藏，2010，39（05）：3-6.

[105] 赵同芳，殷宏章．研究试验与生产——两年来粮食贮藏研究工作的小结与体会 [J]. 科学通报，1956，（06）：97-99+19.

[106] 唐安军，龙春林，刀志灵．种子顽拗性的形成机理及其保存技术 [J]. 西北植物学报，2004，（11）：2170-2176.

[107] 汪晓峰，景新明，郑光华．含水量对种子贮藏寿命的影响 [J]. 植物学报，2001，（06）：551-557.

[108] Ellis R H, Hong T D, Roberts E H. Effect of storage temperature and moisture on the germination of papaya seeds[J]. Seed Science Research, 1991, 1: 69-72.

[109] Zheng G H, Jing X M, Tao K L. Ultradry seed storage cuts cost of gene bank[J]. Nature, 1998, 393: 223–224. https://doi.org/10.1038/30383.

[110] Vertucci C W, Roos E E. Theoretical basis of protocols for seed storage[J]. Plant Physiol, 1990, 94: 1019-1023.

[111] 王钱洁，陈厚彬，徐春香，等．香蕉遗传育种研究进展 [J]. 福建果树，2006，（03）：15-23.

[112] 邓秀新．世界柑橘品种改良的进展 [J]. 园艺学报，2005，（06）：1140-1146. DOI: 10.16420/j.issn.0513-353x.2005.06.045.

[113] 李勇，白雅梅，金光辉，等．马铃薯育种早代选择的研究进展 [J]. 中国马铃薯，2006，（02）：108-110.

[114] 曹瑞臣．马铃薯饥荒灾难对爱尔兰的影响——作物改变历史的一个范例 [J]. 中南大学学报（社会科学版），2012，18（06）：197-201.

[115] 卢新雄，曹永生．作物种质资源保存现状与展望 [J]. 中国农业科技导报，2001，（03）：43-47.

[116] 卢新雄，王力荣，辛霞，等．种质圃作物种质资源安全保存策略与实践 [J/OL]. 植物遗传资源学报，2022，1-13. DOI: 10.13430/j.cnki.jpgr.20220602001.

[117] 刘旭，李立会，黎裕，等．作物种质资源研究回顾与发展趋势 [J]. 农学学报，2018，8（01）：1-6.

[118] 索尔·汉森．种子的胜利．北京：中信出版社，2017.

[119] 卢新雄．农业种质库的设计与建设要求探讨 [J]. 农业工程学报，2003，（06）：252-255.

[120] 斯瓦尔巴全球种子库官网 https://seedvault.nordgen.org/.

[121] 陈叔平．中国作物种质资源保存研究与展望 [J]. 植物资源与环境，1995，（01）：14-18.

[122] 祖祎祎，房宁．中国种子的“方舟号”[N]. 农民日报，2022-02-25（008）. DOI: 10.28603/n.cnki.nnmrb.2022.000717.

[123] 李剑英，任小英，张玉萍．千阳桃花米种质资源的保护与开发 [J]. 中国种业，2011，（10）：42-44.DOI：10.19462/j.cnki.1671-895x.2011.10.018.

[124] 王加勇．创建遮放贡米循环经济产业链促进边疆民族地区农业发展．云南省，德宏遮放贡米集团有限公司，2013-05-08.

[125] 卢新雄，尹广鹍，辛霞，等．作物种质资源库的设计与建设要求 [J]. 植物遗传资源学报，

2021，22（04）：873-880. DOI: 10.13430/j.cnki.jpgr.20210120001.

[126] 张雪松，苏彦斌，陈小文，等 . 中国植物种质资源的搜集、保护与发展 [J]. 中国野生植物资源，2022，41（03）：96-102.

[127] 曹永生，方沩 . 国家农作物种质资源平台的建立和应用 [J]. 生物多样性，2010，18（05）：454-460.

[128] 张春霆 . 生物信息学的现状与展望 [J]. 世界科技研究与发展，2000，（06）：17-20. DOI: 10.16507/j.issn.1006-6055.2000.06.006.

[129] 姜鑫 . 生物信息学数据库及其利用方法 [J]. 现代情报，2005（06）：185-187.

[130] 张勇，李启沅，王县，等 . 国家基因库概述 [J]. 转化医学研究（电子版），2014，4（04）：111-117.

[131] 陈凤珍，游丽金，杨帆，等 . CNGBdb：国家基因库生命大数据平台 [J]. 遗传，2020，42（08）：799-809.DOI：10.16288/j.yczz.20-080.

[132] 以泰森为鉴，看中国白羽肉鸡企业食品端发展之路 [R]. 东兴证券股份有限公司，2022.

[133] 康乐，王海洋 . 中国生物技术育种现状与发展趋势 [J]. 中国农业科技导报，2014，（1）：8.

[134] https://www.economist.com/china/2020/10/31/high-tech-chickens-are-a-case-study-of-why-self-reliance-is-so-hard

[135] 李晨 . 中国农业科学院白羽肉鸡研究中心成立 [N]. 中国科学报，2022-09-24.

[136] 泽库藏羊高效养殖特色产业基地 [N]. 青海大学新农村发展研究院，2016-10-27.

[137] http://afs.okstate.edu/breeds/swine.

[138] 2019—2020 年中国生物芯片白皮书 .

[139] Gao Y P, Wu H B, Wang Y S, et al. Single Cas9 nickase induced generation of NRAMP1 knockin cattle with reduced off-target effects[J]. Genome biology, 2017, 18（1）: 1-15.

[140] https://euroseeds.eu/.

[141] 田志喜，刘宝辉，杨艳萍，等 . 中国大豆分子设计育种成果与展望 [J]. 中国科学院院刊，2018，33（9）：915-922.

[142] 黄胜海 . 科技创新：峪口禽业持续发展的"核"动力——北京市蛋鸡工程技术研究中心，峪口禽业研究院成立侧记 [J]. 中国禽业导刊 . 2012，（22）：33-35.

[143] 杨代常 . 在水稻上种出"人血清白蛋白"[J]. 中国农村科技 . 2016（6）：30-33.

[144] He Y, Ning T, Xie T, et al. Large-scale production of functional human serum albumin from tcriransgenic rice seeds[J]. Proceedings of the National Academy of Sciences. 2011, 108（47）: 19078-19083.

[145] 王方 ."试管奶牛"破品种改良"缺芯之痛"[N]. 中国科学报，农业科技，2019-05-07（6）.

[146] 康乐，王海洋 . 中国生物技术育种现状与发展趋势 [J]. 中国农业科技导报，2014，16（1）：16-23.